高等院校艺术设计类“十四五”规划教材

ILLUSTRATOR GRAPHIC DESIGN

Illustrator图形设计

主　编　刘熙霞　褚福锋

编　委　吴　尚　霍　蓉　史　磊　肖立尧

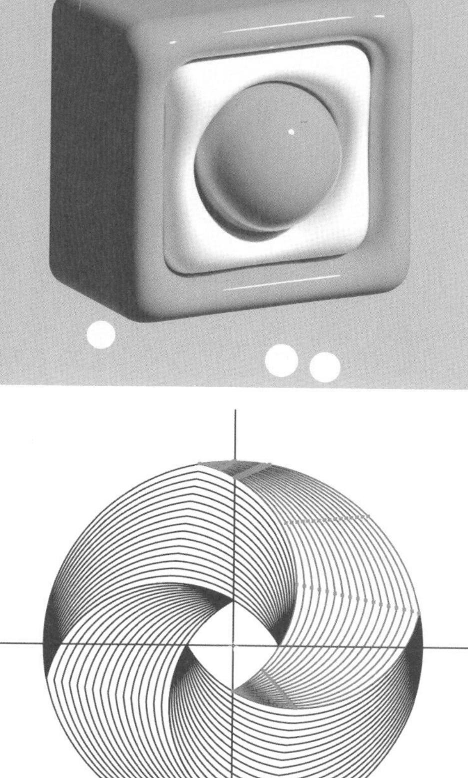

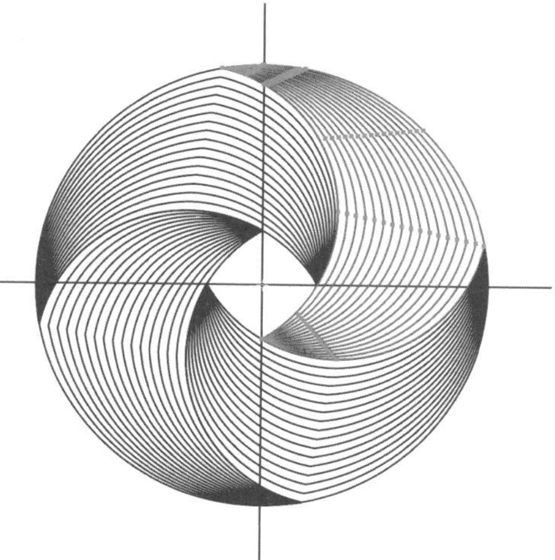

中国海洋大学出版社

·青岛·

图书在版编目（CIP）数据

Illustrator图形设计 / 刘熙霞，褚福锋主编. — 青岛：中国海洋大学出版社，2023.11
ISBN 978-7-5670-3737-3

Ⅰ. ①I… Ⅱ. ①刘… ②褚… Ⅲ. ①图形软件 Ⅳ. ①TP391.412

中国国家版本馆CIP数据核字(2023)第253754号

出版发行 中国海洋大学出版社
社　　址 青岛市香港东路23号　　邮政编码 266071
出 版 人 刘文菁
策 划 人 王　炬
网　　址 http://pub.ouc.edu.cn
电子信箱 tushubianjibu@126.com
订购电话 021-51085016
责任编辑 矫恒鹏　　电　　话 0532-85802349
印　　制 上海万卷印刷股份有限公司
版　　次 2023年11月第1版
印　　次 2023年11月第1次印刷
成品尺寸 210 mm×270 mm
印　　张 9
字　　数 211千
印　　数 1～3000
定　　价 59.00元

前　言

随着数字化时代的到来，在艺术设计领域，计算机软件正在扮演着越来越重要的角色，成为设计师进行创作不可或缺的重要工具。Adobe Illustrator 作为一款优秀的矢量图形制作软件，因其强大的功能、良好的色彩还原度、简洁而人性化的界面，在视觉传达、工业设计、包装设计等领域都得到了广泛的应用。

本书从计算机图形图像的基础知识入手，系统介绍了 Adobe Illustrator 的各项功能和工具的用法。按照认知规律，首先从软件界面开始，逐渐深入到工具箱、面板、菜单等进行讲解，既系统全面，又有所侧重。在知识点的介绍过程中，本书还穿插了针对性的实例进行讲解，使读者能够迅速掌握各种工具的使用方法和技巧。

学习软件的最终目的是应用。多年的软件使用和学习经验告诉我们，实例练习是掌握一款软件的最佳途径，因此，本书从图形设计、标志设计、字体设计、插画设计、海报设计、包装设计、产品造型设计入手，精心制作了十二个完整的实例。这些实例从最初准备到制作完成，按照步骤进行详细讲解，使读者在完成实例制作过程的同时，熟悉和掌握各种工具并学习不同设计对象制作的思路和技巧。

软件的学习和应用是一个长期的过程，随着学习的深入，新的技巧和惊喜会不断出现，Adobe Illustrator 也是如此。本书旨在引导读者了解计算机图形软件的基础知识，掌握 Adobe Illustrator 软件的各项功能和工具的使用。若要真正精通一款软件，还需读者长期坚持不懈的努力练习与实践。

在本书编写过程中，齐鲁工业大学（中国科学院）及多位其他高校教师提供了相关教学案例，并提出了许多宝贵意见，在此一并表示感谢。

由于编者水平有限，书中难免存在不足之处，敬请广大读者批评指正。

编者

2023 年 9 月

内容简介

本书共四章。从计算机图形图像基础知识入手，如色彩模式、图像格式、软件在设计领域的应用，逐渐深入到工具箱、面板、菜单等内容，展开形象而直观的阐述，系统介绍了Illustrator的各项功能和工具的用法。最后的实例篇介绍该软件在平面设计、包装设计、工业设计等领域的应用实例，使学习者能够迅速掌握各种工具的使用方法和技巧。本书适用于开设平面设计课程的高等院校教学，也适合从事平面设计工作的人员阅读和参考。

建议课时数

总课时数：64

章　节	内　容	理论课时	实践课时
1	图形图像基础知识与软件概述	1	1
2	工具箱详解	8	20
3	菜单要点详解	6	10
4	Illustrator实例应用	2	16

目 录

1　图形图像基础知识与软件概述

1.1　图形图像基础知识

1.1.1　矢量软件与位图软件

二维图形图像类软件可以分为两大类。一类是位图图像处理软件，其原理是图像由像素排布而成，单位面积中的像素数量越多，图像越清晰。当图像放大到一定程度时，会出现方块形的“马赛克”，这个“马赛克”，其实就是单个的像素。大家非常熟悉的Photoshop，即是位图图像处理软件。另一类是矢量图形制作软件，其制作的图像在视觉上具有不同的表现，无论如何放大，都不会出现图像的模糊。如图1-1-1所示的卡通形象，显示了位图和矢量图的区别。

位图图像处理软件在特效制作、图像处理等方面具有优势，而矢量图形制作软件在图形绘制方面非常便捷。除此之外，矢量图格式的文件相对位图格式的文件要小得多，可以非常方便地进行传输，因此在互联网上应用广泛。

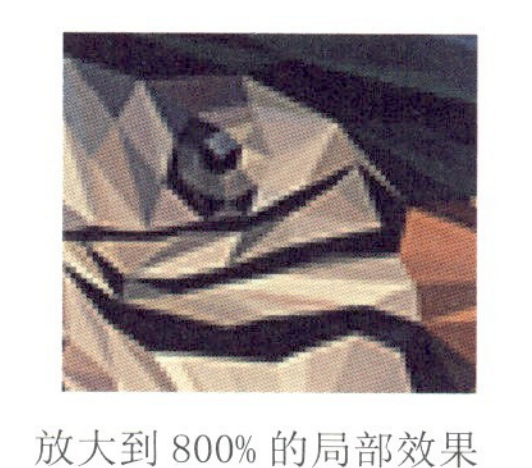

100%　→　放大到800%的局部效果

位图

100%　→　放大到800%的局部效果

矢量图

图1-1-1　位图与矢量图的区别

1.1.2 计算机色彩与色彩模式

计算机的色彩是通过模拟来实现的，可以分为多种色彩模式。其中较为常用的有 CMYK、RGB、Lab 等色彩模式。

CMYK 色彩模式：CMYK 也称作印刷色彩模式。C、M、Y 是三种印刷油墨名称的首字母：Cyan（青色）、Magenta（品红色）、Yellow（黄色）。其中 K 取的不是 Black 最后一个字母，而是源自一种只使用黑墨的印刷版 Key Plate。从理论上来说，只需要 C、M、Y 三种油墨就足够了，它们三个混合一起就应该得到黑色。但是由于目前制造工艺还不能造出高纯度的油墨，C、M、Y 相加的结果实际是一种暗红色，因此在实际使用中，需要加入黑色。CMYK 色彩模式使用 CMYK 为图像中每一个像素的 CMYK 分量分配一个 0～100 范围内的强度值。

RGB 色彩模式：RGB 是 Red（红）、Green（绿）、Blue（蓝）三种色彩首字母的缩写。红、绿、蓝是光的三原色，RGB 色彩模式是通过对红（R）、绿（G）、蓝（B）三个颜色通道的变化以及它们相互之间的叠加来得到各式各样的颜色，这个标准几乎包括了人类视觉所能感知的所有颜色，是目前运用最广的颜色系统。

Lab 色彩模式是由照度（L）和有关色彩的 a 和 b 三个要素组成。L 表示照度（Luminosity），相当于亮度，a 表示从红色至绿色的范围，b 表示从黄色至蓝色的范围。Lab 色彩模式理论上包括所有人们肉眼可见的色彩。L 的值域为 0～100，L=50 时，就相当于 50% 的黑；a 和 b 的值域都是由 +127～−128，其中为 +127 时，a 就是红色，渐渐过渡到 −128 时，a 就变成绿色；同样原理，数值为 +127 时，b 是黄色，数值为 −128 时，b 是蓝色。所有的颜色就以这三个值交互变化所组成。例如，一块色彩的 Lab 值是 L=100，a=30，b=0，这块色彩就是粉红色。Lab 色彩模式除了不依赖于设备的优点外，还具有它自身的优势——色域宽阔。它不仅包含了 RGB、CMYK 的所有色域，还能表现它们不能表现的色彩。人的肉眼能感知的色彩，都能通过 Lab 模式表现出来。另外，Lab 色彩模式的绝妙之处还在于它弥补了 RGB 色彩模式色彩分布不均的不足，因为 RGB 色彩模式在蓝色到绿色之间的过渡色彩过多，而在绿色到红色之间又缺少黄色和其他色彩。如果我们想在图形处理中保留尽量宽广的色域和丰富的色彩，最好选择 Lab 色彩模式。

1.2 Illustrator 概述

Adobe Illustrator（简称 AI）是美国 Adobe 公司出品的一款优秀的矢量图形制作软件，具有图形绘制快捷方便、色彩还原度高等优点，因此在平面设计、工业设计、服装设计、插画设计等众多设计领域都有运用。Illustrator 2022 版本在以往强大功能的基础上新增了一些实用工具和功能，使其在应用时更加实用、便捷。

1.2.1 Illustrator 的文件格式

Illustrator 支持多种矢量图形文件的格式，如 AI、PDF、EPS、AIT、SVG 和 SVGZ。其中 Adobe Illustrator（*.AI）文件格式为 Illustrator 自身图形文件的存储格式，使用该文件格式占用较小的存储空间，且图形的存储和打开更快。PDF 文件格式是 Adobe Acrobat 使用的电子文档文件。EPS 格式为印刷、输出的格式类型，可用来优化 Illustrator 文件。除此之外，Illustrator 还支持其他多种矢量图格式的文件，可将其置入 Illustrator 文档中并进行编辑。

1.2.2 Illustrator 的应用领域

Illustrator 的应用领域十分广泛，下面是常用的一些领域。

（1）广告设计

Illustrator 的矢量图形设计被广泛应用于海报设计等广告设计的形式中。

（2）版式设计

文字排版设计是平面设计中不可或缺的一种设计形式。Illustrator 以独特的文字排版编辑功能为平面设计过程增添了更多的乐趣和快捷的操作方法。

（3）包装设计

包装设计是一个整体而系统的设计概念，是印刷品设计中一个相对独立的设计类型，也是一种在自然功能和社会功能上都具有较高要求的组合形式。由于 Illustrator 是一种矢量图形设计软件，在分辨率和打印要求上具有很大的自由性，对于各种品质的输出要求均能满足，对于包装设计制作也是如此。

（4）CI / VI 设计

CI / VI 设计是企业品牌形象的一种视觉化形式，并为企业品牌形象进行宣传，以塑造和树立企业品牌良好的形象。由于操作便捷、色彩逼真、功能强大，Illustrator 在这一领域也有广泛的应用。

（5）插画设计

插画设计是一种矢量化的艺术绘画创作形式，主要应用于商业用途。Illustrator 具有良好的位图处理功能和兼容性，可以与位图设计软件相结合，制作出独特而个性的插画设计。

（6）网页设计

一方面矢量风格本身越来越常用和受到欢迎，另一方面矢量图形的文件较小，便于传输和存储，因此，使用 Illustrator 的网页图像绘制功能，为网页的设计制作提供了较大的便利。

（7）工业设计

在产品的外观造型设计中，除了常用建模、渲染的形式制作效果图外，还有很多工业设计师习惯用平面设计软件进行产品效果图的绘制，Illustrator 因其强大的功能成为工业设计师青睐的平面软件之一。

（8）服装设计

服装设计的效果图风格与矢量软件的绘制风格相近，因此很多服装设计师使用 Illustrator 服装效果图的设计。

1.2.3 Illustrator 的界面概览

Illustrator 功能强大，工具和面板众多，但是设计界面非常简洁、直观，用户能够便捷地进行操作。Illustrator 界面主要有菜单栏、标题栏、工具箱、属性面板、浮动面板、画布和状态栏等部分组成，如图 1-2-1 所示。

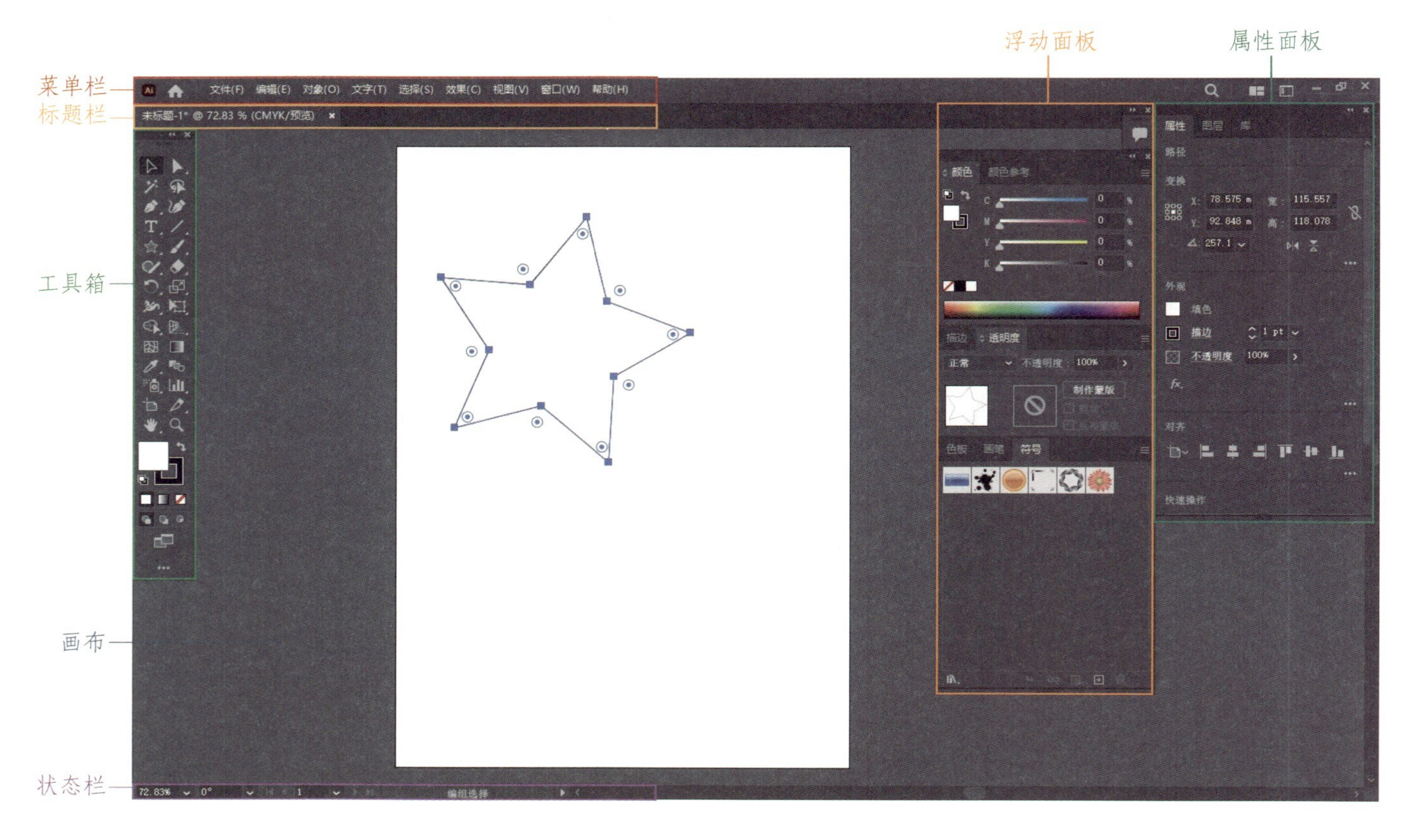

图 1-2-1　Illustrator 2022 界面

（1）菜单栏

菜单栏位于界面的上方，集中了工具、命令、面板等内容，共包括【文件】、【编辑】、【对象】、【文字】、【选择】、【效果】、【视图】、【窗口】、【帮助】9 个菜单，单击任何一个菜单名称可以看到一个下拉菜单，灰色的命令表示在此操作中不能使用，黑色的命令表示可以使用。命令右侧的黑色小箭头，表示此命令中还有子命令，将光标移动到该命令时，会自动弹出子命令菜单，如图 1-2-2 所示。

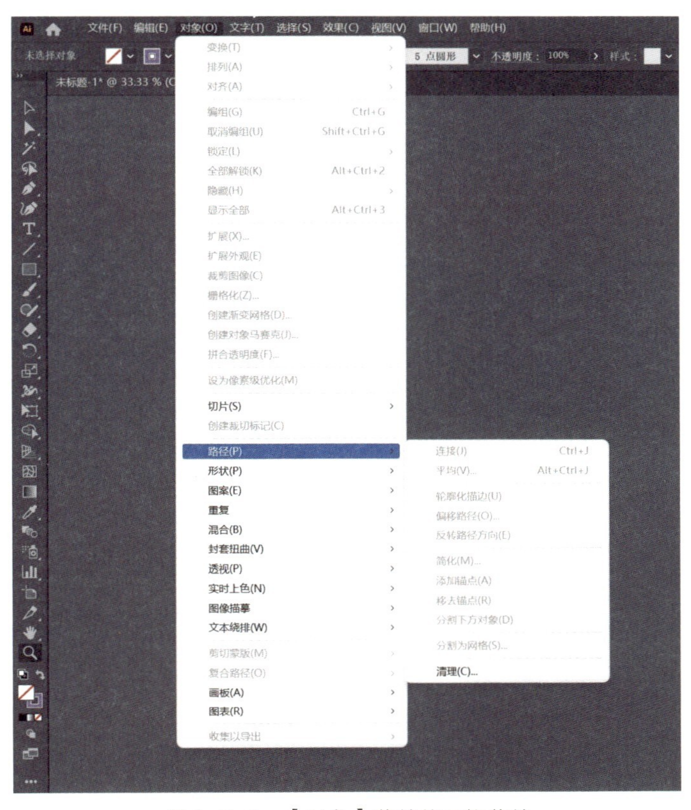

图 1-2-2　【对象】菜单的下拉菜单

（2）标题栏

标题栏位于画布的上方，是标注文件名字的地方。比如，制作了一个名为“图片 .ai”的文件，当打开该文件时，“图片”就会出现在标题栏中。

（3）工具箱

工具箱位于界面的左侧，包含了操作中最常用的工具。如果某个工具的右下方有小三角形，表示这是一个工具组，点击鼠标左键按住该工具不放，会出现一组工具，如图 1-2-3 所示就是橡皮擦工具组。

（4）属性面板

属性面板位于界面的右侧，主要用于调节工具、对象的属性。在未选择任何工具的情况下，默认为路径的属性。当我们所选择的工具具有可调节的参数时，就会显示该工具的参数。比如，我们选择文字工具 T 时，就会出现文字工具的属性选项，如图 1-2-4 所示。

（5）浮动面板

浮动面板，顾名思义是浮动于界面上的，对界面、工具属性、命令等进行调节的面板。所有的面板均可在【窗口】菜单中找到，如图 1-2-5 所示。浮动面板可以显示，也可以隐藏，显示和隐藏都可以在【窗口】菜单中进行设置。在默认状态下，浮动面板都以图标的形式位于界面的最右侧，点击相应图标即可打开。

图 1-2-3　橡皮擦工具组

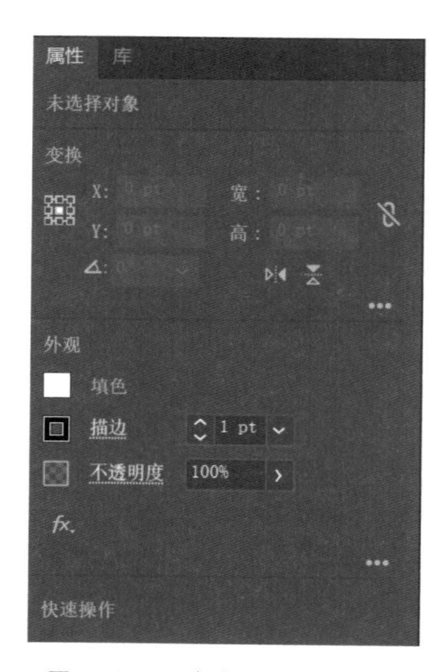

图 1-2-4　文字工具属性设置

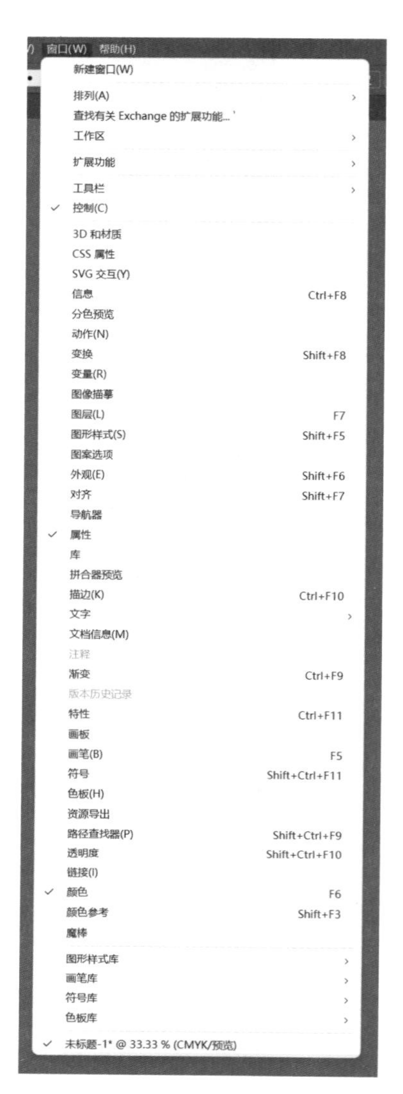

图 1-2-5　从【窗口】菜单下打开浮动面板

2　工具箱详解

2.1　工具箱概览

工具箱概览如图 2-1-1、图 2-1-2 所示。

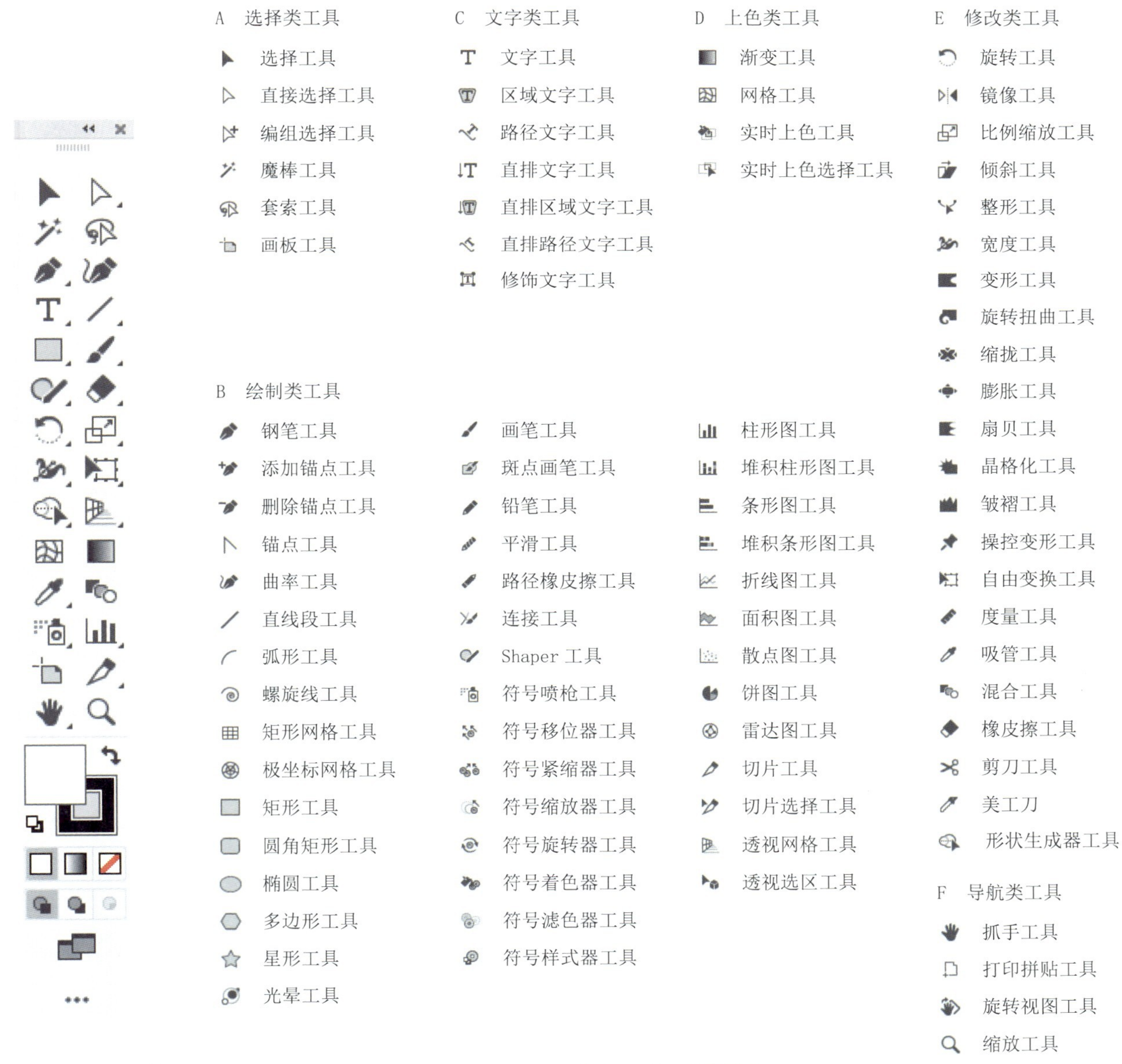

图 2-1-1　工具箱

图 2-1-2　所有工具

单击工具箱中的某个工具即可选中该工具，如图 2-1-3 所示。右下角带有三角形图标的工具表示这是一个工具组，在这样的工具上按住鼠标可以显示隐藏的工具，如图2-1-4所示。按住鼠标，将光标移动到一个工具，并释放鼠标，即可选中隐藏的工具，如图 2-1-5 所示。按住 Alt 键，单击一个工具组，则可以循环切换该工具组中各个隐藏的工具。

图 2-1-3
单击选中工具

图 2-1-4
显示隐藏的工具

图 2-1-5
选中隐藏的工具

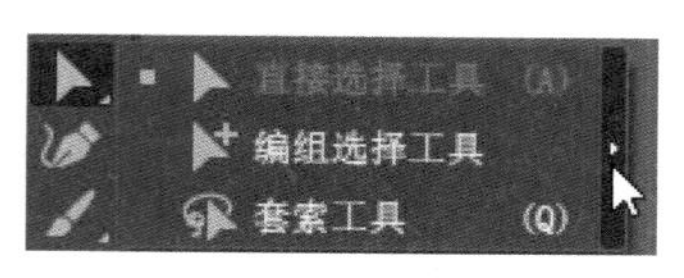

图 2-1-6
隐藏工具面板

单击隐藏工具面板右侧的按钮，如图 2-1-6 所示，会弹出一个独立的工具组面板，如图 2-1-7 所示。单击右上角的按钮，可将工具组面板竖向显示，如图2-1-8所示；单击按钮，可将其关闭。

双击工具箱中的某个工具，可查看工具选项。拖动标题栏可移动工具面板。

图 2-1-7
独立的工具组面板

图 2-1-8
竖向显示

2.2 选择类工具

（1）选择工具（V）

选择工具可用来选择整个对象。使用选择工具选中对象，对象周围会出现一个定界框，使用其中的一个工具单击并拖曳即可应用变换。如果要进行更加自由的变换，可将光标放在定界框四周的控制点（小方块）上，光标会变为↔、↕、⤢、⤡、↷状，拖曳鼠标便可拉伸、缩放或旋转对象，如图 2-2-1 所示。在缩放对象时，按住 Shift 键操作可进行等比例缩放；按住“Shift+Alt”键，则对象会以自身的中心点为基准进行等比例缩放。

当选择工具移到未选中的对象或组上时，其形状变为。当选择工具移到选中的对象或组上时，其形状变为。当选择工具移到未选中的对象的锚点上时，其形状变为。

使用选择工具选择一个或多个组：选择选择工具，对组内任一对象进行单击，围绕部分或整个对象拖动。要对选区添加或删除一个组，按住 Shift 键并单击要添加或删除的组。

使用选择工具在组中选择对象和组：选择选择工具，双击一个组，该组将以隔离模式显示。双击以在组结构中向下深入选择。单击鼠标在所选组中选择一个对象，拖曳鼠标在所选组中添加一个对象，在组外区域双击可取消选择组。

选择一个组中的单个对象：选择编组选择工具，并单击对象。选择套索工具，然后绕对象路径或穿越对象路径拖动鼠标。选择直接选择工具 ▷，单击对象内部，或拖动鼠标，形成一个选框，围住部分或全部对象路径。

若要用任何选择工具在选区中添加或删除对象或组，按住 Shift 键并选择要添加或删除的对象。

（2）▷ 直接选择工具（A）

直接选择工具可用来选择对象内的点或路径段。使用直接选择工具单击选择一个或多个路径的锚点，选中后可以改变锚点的位置和形状。被选中的锚点为实心状态，没有被选中的锚点为空心状态，如图 2-2-2 所示。

图 2-2-1　使用选择工具拉伸、缩放或旋转对象

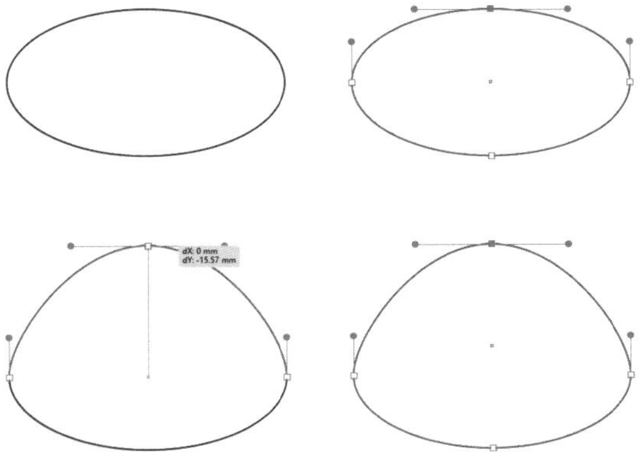

图 2-2-2　使用直接选择工具选中锚点并改变锚点的位置和形状

（3）编组选择工具

编组选择工具可用来选择组内的对象或组内的组。选择编组选择工具，然后单击要选择的组内对象，该对象将被选中。要选择对象的父级组，可再次单击同一个对象。接下来，继续单击同一个对象，以选择包含所选组的其他组，依此类推，直到所选对象中包含了所有要选择的内容为止，如图 2-2-3 所示。

（4）魔棒工具（Y）

魔棒工具可用来选择具有相似属性的对象。

① 打开【魔棒】面板，如图 2-2-4 所示。

• 双击工具箱中的魔棒工具。

• 选择【窗口】/【魔棒】命令。

② 从【魔棒】面板中选择【显示描边选项】，执行下列任一操作，如图 2-2-5 所示。

• 若要根据对象的填充颜色选择对象，选择【填充颜色】，然后输入【容差】值。对于 RGB 模式，该值应介于 0 ~ 255；对于 CMYK 模式，该值应介于 0 ~ 100。容差值越低，所选的对象与单击的对象就越相似；容差值越高，所选的对象所具有的属性范围就越广。

（a）第一次单击，选择的是组内的一个对象

（b）第二次单击，选择的是对象所在的组

（c）第三次单击会向所选项目中添加下一个组

（d）第四次单击则添加第三个组

图 2-2-3　使用编组选择工具选择组内的对象或组内的组

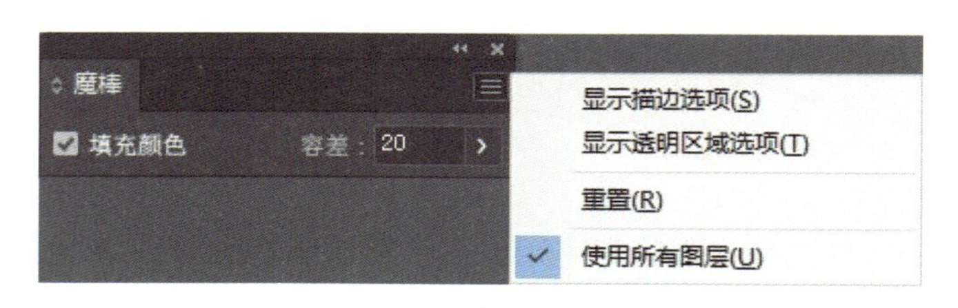

图 2-2-4　【魔棒】面板

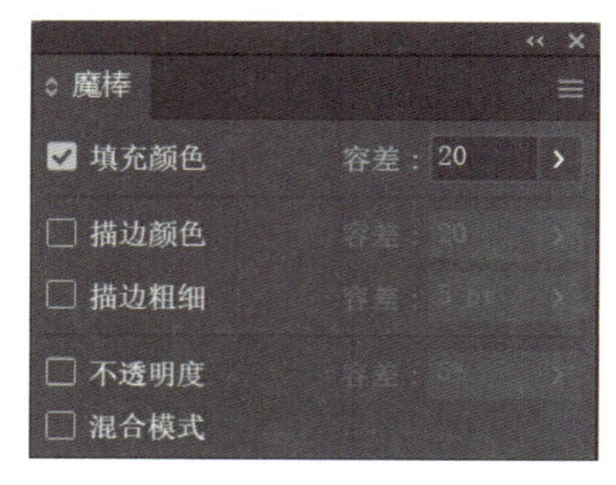

图 2-2-5　显示描边选项和透明区域选项

• 若要根据对象的描边粗细选择对象，选择【描边粗细】，然后输入【容差】值，该值应介于 0 ~ 1000 pt。

③ 从【魔棒】面板中选择【显示透明区域选项】，执行下列任一操作，如图 2-2-5 所示。

• 若要根据对象的透明度选择对象，选择【不透明度】，然后输入【容差】值，该值应介于 0% ~ 100%。

• 若要根据对象的混合模式选择对象，选择【混合模式】。

（5）套索工具（Q）

套索工具可用来选择对象内的点或路径段。套索工具用来选择整体路径。使用方法很简单，选择套索工具，拖动鼠标包围要选择的路径的一部分，则该路径所属的整体路径全部被选中，如果有群组，则群组也被选中。

（6）画板工具（Shift+O）

画板工具可以创建用于打印或导出的单独画板。画板表示可以包含可打印图稿的区域。双击画板工具，通过设置【画板选项】对话框，可以调整图稿大小并设置其方向，可以将画板作为裁剪区域以满足打印或置入的需要，可以使用多个画板来创建各种内容。例如，多页 PDF、大小或元素不同的打印页面、网站的独立元素、视频故事板或者组成 Adobe Flash 或 After Effects 中的动画的各个项目。

根据大小的不同，每个文档可以有 1～100 个画板。可以在最初创建文档时指定文档的画板数，在处理文档的过程中可以随时添加和删除画板。可以创建大小不同的画板，可以调整画板大小，也可以将画板放在屏幕上的任何位置，甚至可以让它们彼此重叠。Illustrator 2022 提供了使用【画板】面板重新排序和【重新排列所有画板】（图 2-2-6）的功能，还可以为画板指定自定义名称，设置参考点。

查看画板和画布：可以通过显示打印拼贴（【视图】/【显示打印拼贴】）来查看与画板相关的页面边界。当打印拼贴开启时，会通过窗口最外边缘和页面的可打印区域之间的一系列实线和虚线来表示可打印和打印不出的区域，如图 2-2-7 所示。

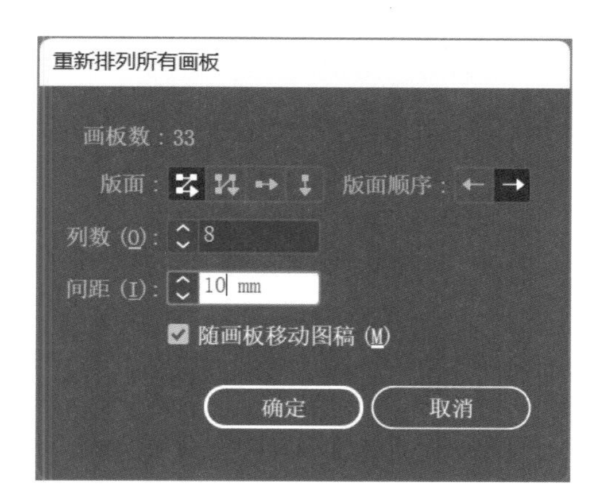

图 2-2-6　【重新排列所有面板】选项

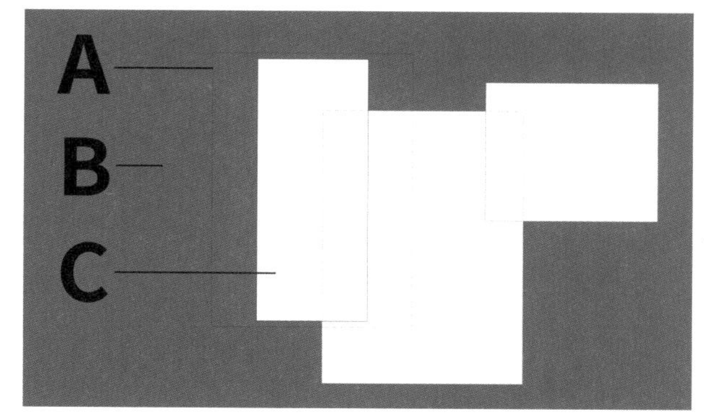

A. 可打印的区域（由指定的打印机决定）　B. 画布　C. 画板

图 2-2-7　显示打印拼贴

每个画板都由实线定界，表示最大可打印区域。要隐藏画板边界，可选择【视图】/【隐藏画板】命令。画布是画板外部的区域，它是指在将图稿的元素移动到画板上之前，可以在其中创建、编辑和存储这些元素的空间。放置在画布上的对象在屏幕上是可见的，但它们打印不出来。

要居中画板并缩放以适合屏幕，单击状态栏（位于应用程序窗口底部）中的画板编号。在 Illustrator 2022 中，可以为当前的版本存储单独的画板，可以在打印画板之前从【打印】对话框中预览画板。选定的打印设置会应用于选定打印的所有画板。

默认情况下，会将所有图稿裁剪到一个画板上，并将所有画板都作为单独的页面进行打印。使用【打印】对话框中的【范围】选项可以打印特定页面，选择【忽略画板】并指定置入选项可以将所有图稿打印到一个页面上或拼贴图稿（取决于具体的需要）。

在 Illustrator 2022 中，文档的画板可自动旋转以打印为所选介质大小。选中【打印】对话框中的【自动旋转】复选框，为 Illustrator 文档设置“自动旋转”。对于 Illustrator 2022 中创建的文档，【自动旋转】在默认情况下已启用。

例如，假设文档同时有横向（其宽度超过高度）和纵向（其高度超过宽度）介质大小。如果在【打印】对话框中将纸张大小选择为纵向，则横向画板在打印时会自动旋转到纵向介质。

注：如果未选择“自动旋转”，则无法更改页面方向。

① 创建画板。

• 新建画板：新建文档时，选择的预设画板或自定画板大小，就是初始画板的大小。

• 创建自定画板：选择画板工具，并在工作区内拖动以定义形状、大小和位置。

• 在现用画板中创建画板：按住 Shift 键并使用画板工具拖动。

• 复制现有画板：选择画板工具，单击以选择要复制的画板，并单击【属性】面板中画板选项下面的【新建画板】按钮（图 2-2-8），则会在画板右侧增加一个新的画板。若要创建多个复制画板，选中要复制的画板，多次单击【新建画板】按钮，直到获得所需的数量。或者，使用画板工具，按住 Alt 键拖动要复制的画板。

• 复制带内容的画板：选择画板工具，勾选【属性】面板中画板选项下面的【随画板移动图稿】选项，按住 Alt 键，然后拖动。如果希望图稿包含一个出血边，请确保在画板矩形框之外留有足够的图稿以容纳该出血边。

• 确认该画板并退出画板编辑模式：单击工具面板中的其他工具或 Esc 键。

② 编辑画板。

• 将指针置于边缘或边角处，当光标变为双向箭头时，通过拖动可以调整画板大小，按住 Shift 键可以等比例进行调整。

• 选择画板工具，在【属性】面板中可以指定宽度值和高度值，或者选择一个预设（图 2-2-9）；通过单击【纵向】或【横向】按钮，设置画板的方向。

• 双击画板工具，在【画板选项】对话框中可以指定宽度值和高度值，或者选择一个预设；通过单击【纵向】或【横向】按钮，设置画板的方向；设置显示画板中心标记、十字线、视频安全区域等（图 2-2-10）。

③ 删除画板。

选择画板工具，单击画板，按 Delete 键或单击【属性】面板中的【删除画板】按钮。可以只保留一个画板，而删除其他所有画板。

④ 选择并查看画板。

• 选择画板工具，单击画板，使其变为活动状态（使用其他工具单击画板或在画板上绘图，也会使画板工具处于活动状态）。如果画板重叠，则左边缘最靠近单击位置的画板将成为现用画板。

• 若要在画板间导航，可按住 Alt 键单击“上一项”或“下一项”箭头键。

• 要以轮廓模式查看画板及其内容，可右键单击，然后选择【轮廓】。要重新查看图稿，右键单击，然后选择【GPU 预览】。

• 可以为文档创建多个画板，但每次只能有一个画板处于现用状态。定义多个画板时，可以通过选择画板工具来查看所有画板。每个画板都进行了编号，并且可以在每次打印或导出时指定不同的画板。

图 2-2-8　新建画板

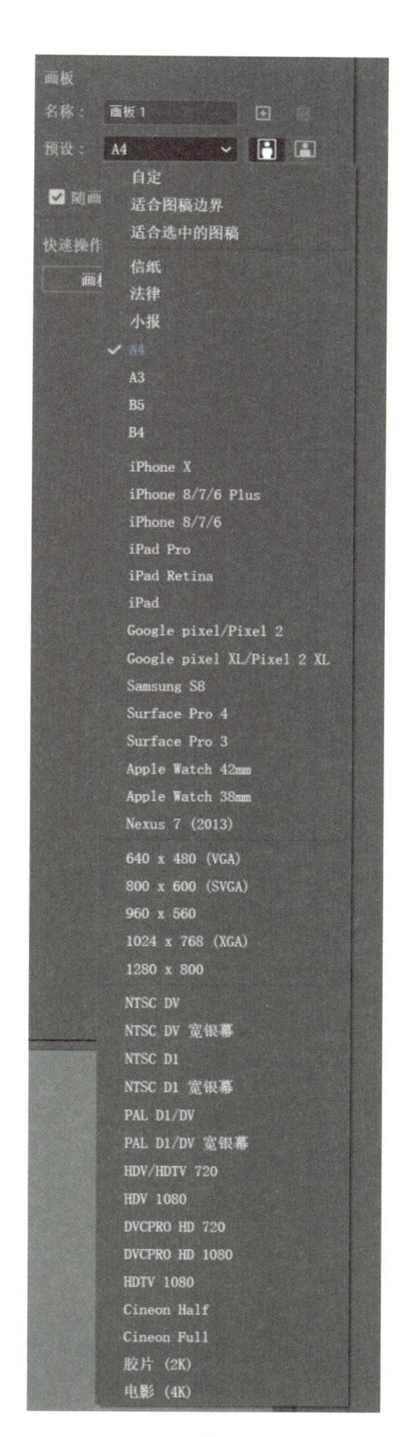

图 2-2-9　【预设】选项

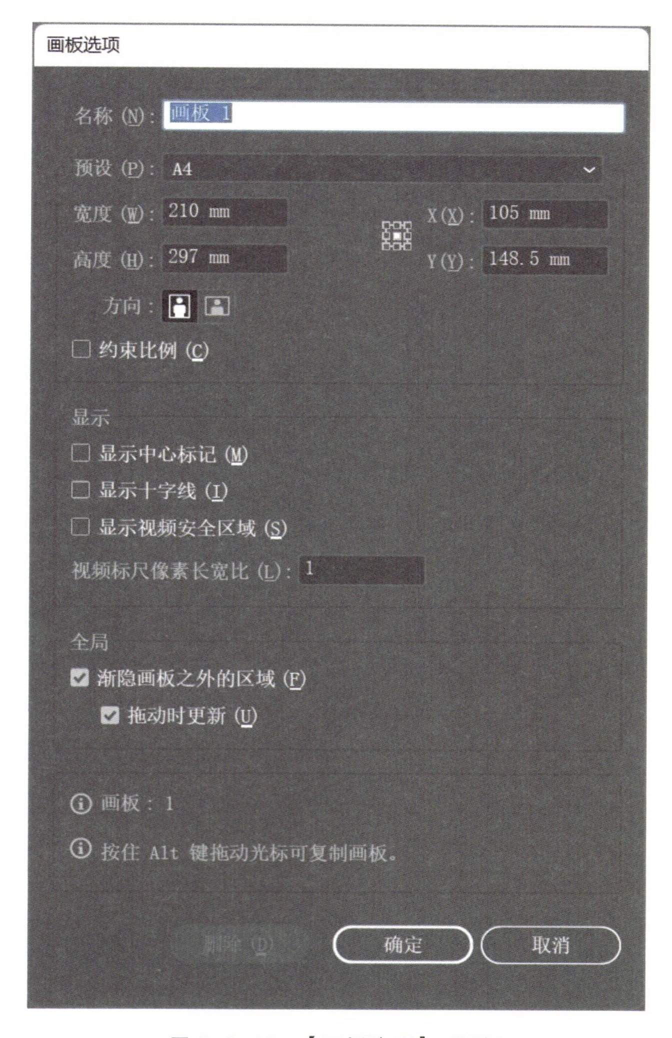

图 2-2-10　【画板选项】对话框

2.3 绘制类工具

（1）钢笔工具（P）

钢笔工具用于绘制直线和曲线来创建对象。在画板上直接点击可以创建直线段，点击并拖曳可以创建曲线，如图 2-3-1 所示。

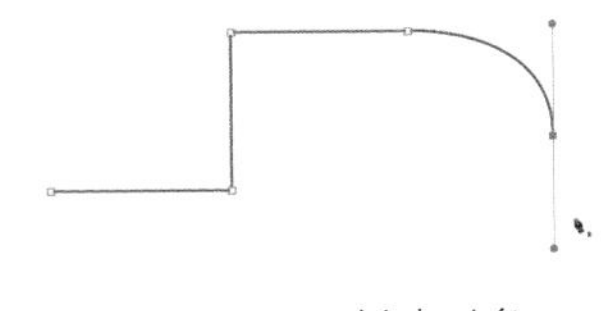

图 2-3-1 创建对象

路径绘制过程中，当鼠标移到路径起始点时，鼠标变为 ，表示闭合路径；当鼠标移到路径结束点时，鼠标变为 ，表示继续路径绘制；当鼠标移到路径上时，鼠标变为 ，单击可增加锚点；当鼠标移动到已存在的锚点时，鼠标变为 ，单击可删除锚点。

① 键盘控制。

• 在绘制或者编辑曲线手柄时，按住 Shift 键以 45° 为单位旋转。

• 使用直接选择工具选中锚点并删除，路径就会以删除点为中心一分为二。

• 钢笔工具 + Alt 键：切换到锚点工具。

• 钢笔工具划过曲线手柄 + Ctrl 键：允许编辑曲线。

• 创建曲线时，钢笔工具 + Alt 键：删除当前锚点的前端手柄，使锚点变为尖突的锚点。

• 钢笔工具划过曲线手柄 + Alt 键：改变当前锚点手柄的方向，并使其变为尖突的锚点。

• 剪刀工具 + Alt 键：切换到添加锚点工具。

• 添加锚点工具 + Alt 键：切换到删除锚点工具。

• 删除锚点工具 + Alt 键：切换到添加锚点工具。

② 参数设置。

选择【编辑】/【首选项】/【选择和锚点显示】命令，打开钢笔工具绘图的参数设置面板，如图 2-3-2 所示。

• 容差——锚点临近的直径范围，该值范围为 1 ~ 8 px，默认值是 3 px。

• 对齐点——也可以通过【视图】/【对齐点】打开，该值范围为 1 ~ 8 px。该数值意味着锚点附近的误差半径。当排列两个对象时，一个对象的锚点会以设定好的误差半径对齐到另一对象的锚点。

• 仅按路径选择对象——勾选后，只允许通过路径来获得选区，点击内部填充区域是无效的。

• 锚点、手柄和定界框显示——设置它们的大小和手柄样式。

• 鼠标移过时突出显示锚点——勾选后，鼠标移上去锚点会呈高亮显示。

• 选择多个锚点时显示手柄——勾选后，当多个锚点被选中时依然显示手柄，反之，则不会显示。

③ 其他快捷键和技巧。

当创建或者编辑锚点时，想切换到直接选择工具，可以按住 Ctrl 键不松开，切换到直接选择工具进行调整。选中路径后，按住空格键可以直接临时切换到手形工具（松开空格键后释放手形工具），而不需要取消选择后切换工具。当创建或者编辑锚点时，点击并且按住鼠标左键不松开同时按空格键，可以任意调整锚点的位置。

（2）添加锚点工具

用于将锚点添加到路径。在路径上点击可以增加锚点，如图 2-3-3 所示。

（3）删除锚点工具

用于从路径中删除锚点。在路径上点击可以删除已有锚点，如图 2-3-4 所示。

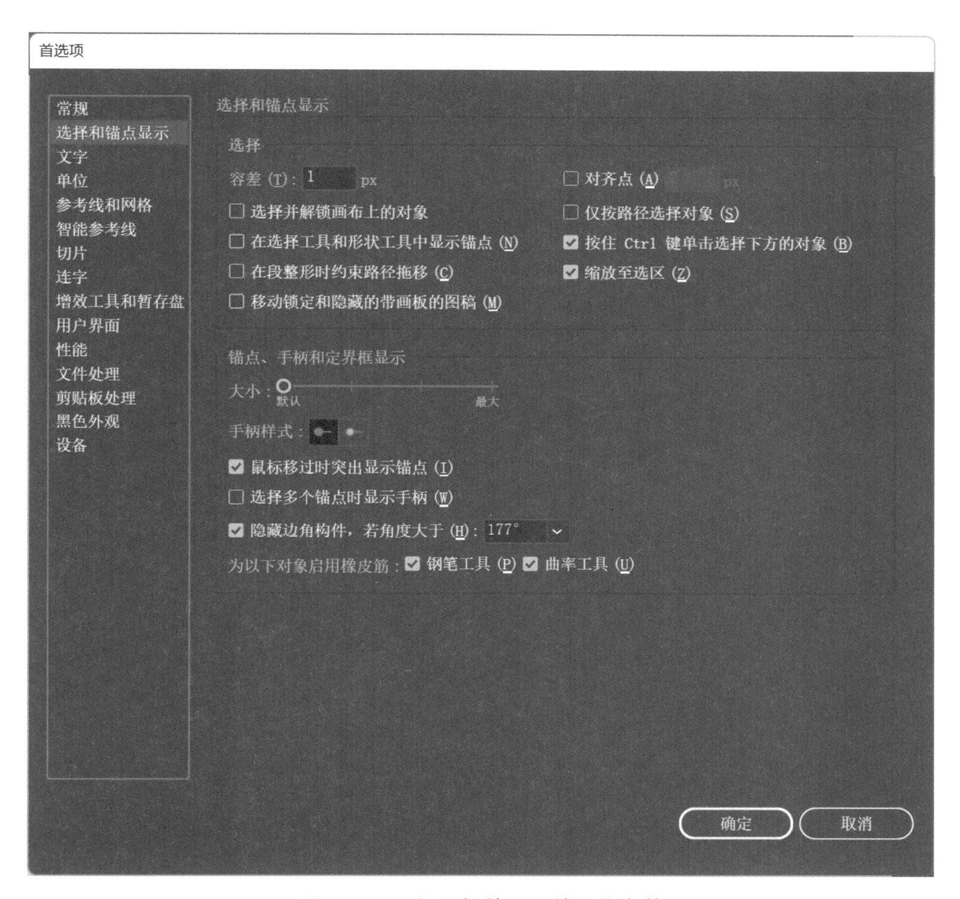

图 2-3-2 设置钢笔工具绘图的参数

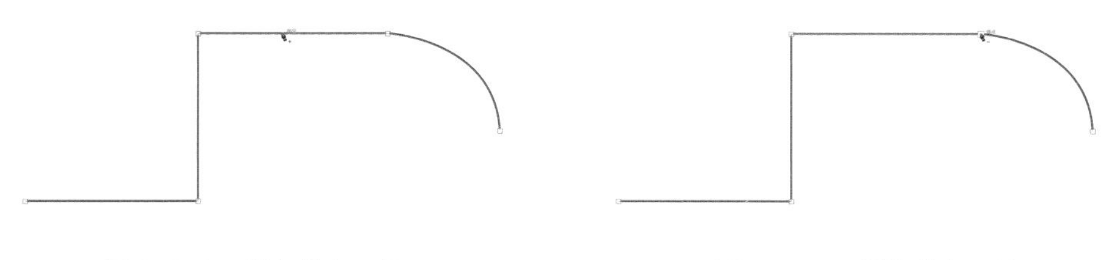

图 2-3-3 添加锚点工具　　　　图 2-3-4 删除锚点工具

（4）锚点工具（Shift + C）

用于将平滑点与角点互相转换。创建一个锚点并且拖曳锚点的手柄，可以把直角点变平滑点，如图 2-3-5 所示。同样在一个曲线点上点击可以变成直角点。

（5）曲率工具（Shift + ~）

轻松创建并编辑曲线和直线。

（6）直线段工具（\）

用于绘制直线段。单击直线段工具，移动光标到画板中，单击设定直线的开始点，按住鼠标左键并拖动到直线的终止点松开，即可绘制一条直线，如图 2-3-6 所示。

选择直线段工具后，在画板的空白处单击鼠标，可以打开【直线段工具选项】对话框。在打开的对话框中设置直线的长度、角度后，单击【确定】按钮即可绘制精确的直线段。如果需要用当前填充颜色对线段填色，可以启用【线段填色】复选框，如图 2-3-7 所示。

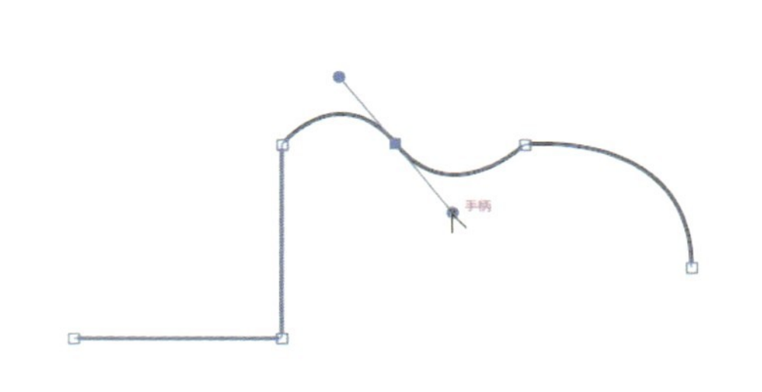

图 2-3-5　锚点工具

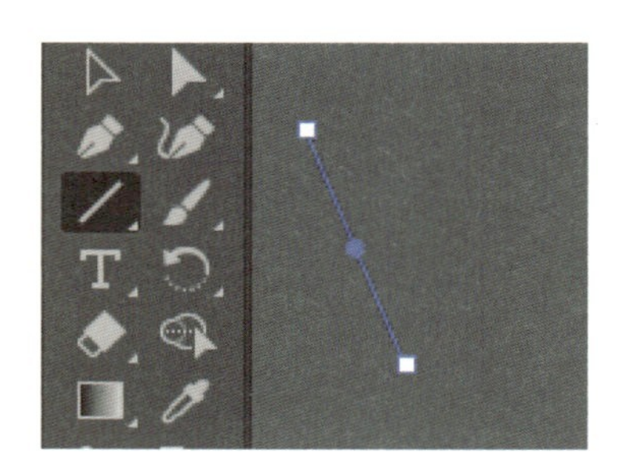

图 2-3-6　绘制直线

图 2-3-7　直线段工具选项

（7）弧形工具

用于绘制凹入或凸起的曲线段。弧线和螺旋线都是一种圆弧形状的曲线。通常，使用它们来绘制一些规则的或不规则的曲线形状。例如，绘制矢量图中女子的嘴唇、弹簧形状的头发丝等。

选择弧形工具，在画板的空白处单击，在打开的【弧线段工具选项】对话框中，设置弧线的主要参数，如图 2-3-8 所示。

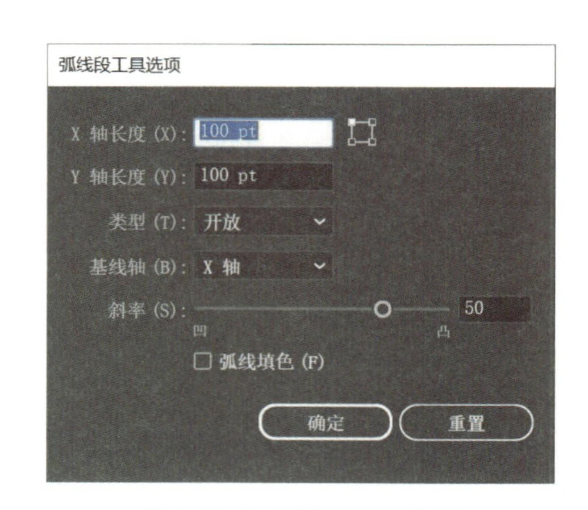

图 2-3-8　弧线段工具选项

该对话框中各个选项的含义，如下所示。

• X 轴长度和 Y 轴长度——这两个参数栏分别用于指定弧线的宽度和高度。

• 类型——此下拉列表框用于指定对象为开放路径还是闭合路径。

• 基线轴——此下拉列表框用于指定弧线方向。根据需要沿“水平（X）轴”或“垂直（Y）轴”绘制弧线基线，可以选择 X 轴或 Y 轴。

• 斜率——该参数栏可以指定弧线斜率的方向。对凹下（向内）斜率输入负值，对凸起（向外）斜率输入正值，斜率为 0 将创建直线。

• 弧线填色——启用该复选框可以使用当前填充颜色为弧线填色。

（8）螺旋线工具

用于绘制顺时针和逆时针螺旋线。绘制螺旋线与绘制弧线的方法相似，通过两种方式实现。

第一种，单击螺旋线工具，在画板中按住鼠标左键向任意方向拖动鼠标都可绘制出螺旋线。在按下鼠标左键后，按住 Alt 键再拖动鼠标，可同时改变螺旋线的半径大小和段数；在按住鼠标左键拖动鼠标时，按向上箭头键或向下箭头键可增加或减少螺旋线的段数；按住 Ctrl 键再拖动鼠标，可改变螺旋线的衰减值；拖动鼠标时按 R 键，可翻转螺旋线；按住～键，可同时绘制多条螺旋线。

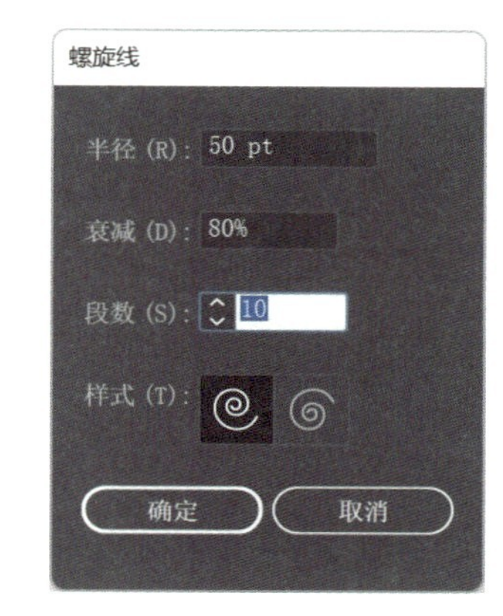

图 2-3-9　螺旋线

第二种，在画板中单击鼠标左键，可打开【螺旋线】对话框，通过对话框中参数的设置，可调整螺旋线的形状，如图 2-3-9 所示。

• 半径——指定从中心到螺旋线最外点的距离。

• 衰减——指定螺旋线的每一螺旋相对于上一螺旋应减少的量。

• 段数——指定螺旋线具有的线段数。螺旋线的每一完整螺旋由四条线段组成。

• 样式——指定螺旋线方向。

（9）矩形网格工具

矩形网格工具是使用指定数目的分隔线创建指定大小的矩形网格。要创建矩形网格，可通过两种方式来实现。

第一种，单击矩形网格工具，在画板中按住鼠标左键并拖动鼠标，直到网格达到所需大小即可。

第二种，在画板中单击鼠标左键，打开【矩形网格工具选项】对话框，可以设置矩形网格的参数。

单击以设置网格的参考点。在对话框中，单击参考点定位器（宽度设置后面的小图标即为参考点定位器，四个项角上的点，空心表示未选中，实心表示选中为参考点）上的一个方框以确定绘制网格的起始点。然后设置下列任一选项，并单击【确定】，如图 2-3-10 所示。

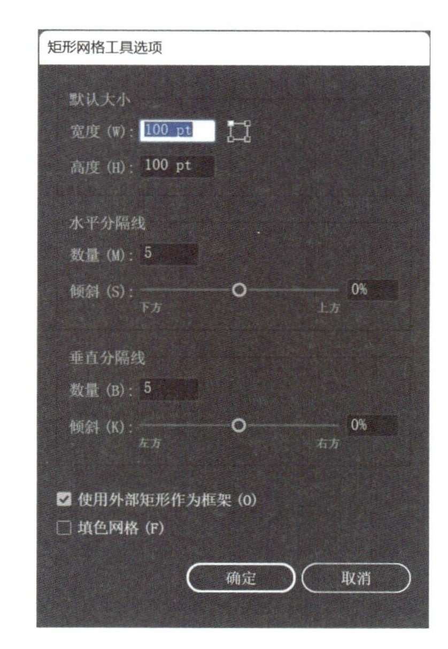

图 2-3-10　矩形网格工具选项

• 默认大小——指定整个网格的宽度和高度。

• 水平分隔线——指定希望在网格顶部和底部之间出现的水平分隔线数量。倾斜值决定水平分隔线倾向网格顶部或底部的程度。

• 垂直分隔线——指定希望在网格左侧和右侧之间出现的分隔线数量。倾斜值决定垂直分隔线倾向于左侧或右侧的方式。

• 使用外部矩形作为框架——以单独矩形对象替换顶部、底部、左侧和右侧线段。

• 填色网格——以当前填充颜色填色网格（否则，填色设置为无）。

（10）极坐标网格工具

极坐标网格工具用于绘制圆形图像网格。创建极坐标网格与创建矩形网格的方式相似，也可以通过两种方式来实现。

第一种，选择极坐标网格工具，在画板中按下鼠标左键并拖动鼠标直到网格达到所需大小。

第二种，选择极坐标网格工具，在画板中，单击鼠标左键，可打开【极坐标网格工具选项】对话框，单击参考点定位器上的一个方框以确定绘制网格的起始点。然后设置下列任一选项，并单击【确定】，如图 2-3-11 所示。

• 默认大小——指定整个网格的宽度和高度。

• 同心圆分隔线——指定希望出现在网格中的圆形同心圆分隔线数量。倾斜值决定同心圆分隔线倾向于网格内侧或外侧的方式。

• 径向分隔线——指定希望在网格中心和外围之间出现的径向分隔线数量。倾斜值决定径向分隔线倾向于网格逆时针或顺时针的方式。

• 从椭圆形创建复合路径——将同心圆转换为独立复合路径，并每隔一个圆填色。

• 填色网格——以当前填充颜色填色网格（否则，填色设置为无）。

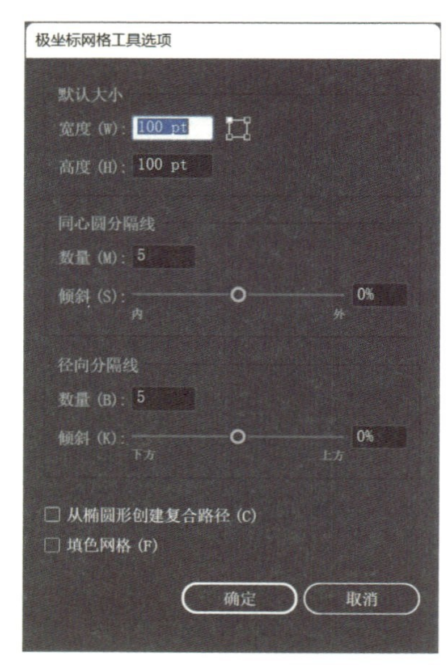

图 2-3-11 极坐标网格工具选项

（11）矩形工具（M）

矩形工具用于绘制正方形和长方形。

• 要绘制一个矩形，向对角线方向拖动直到矩形达到所需大小。

• 要绘制正方形，在按住 Shift 键的同时向对角线方向拖动直到达到正方形所需大小。

• 使用数值创建正方形或长方形，单击希望得到的正方形或长方形的左上角所在的位置，弹出【矩形】面板，分别指定宽度和高度（和圆角矩形的圆角半径），并单击【确定】，如图 2-3-12 所示。

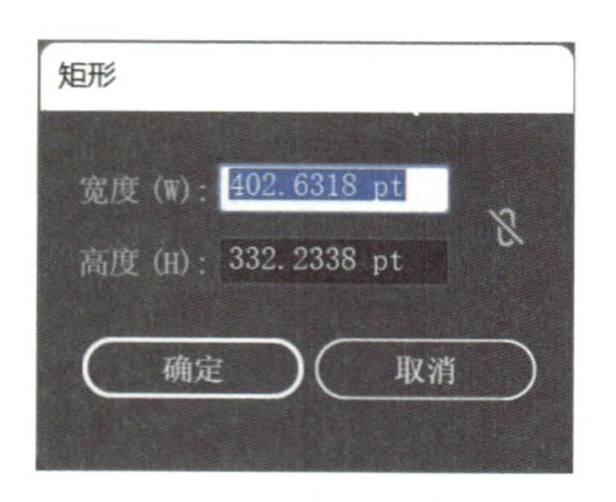

图 2-3-12 【矩形】面板

（12）圆角矩形工具

圆角矩形工具用于绘制具有圆角的矩形。圆角半径决定矩形圆角的圆度，既可以更改所有新矩形的默认半径，也可以在绘制各个矩形时更改它们的半径。

• 更改默认的圆角半径。选择【编辑】/【首选项】/【常规】，并为圆角半径输入一个新的值。或者，选择圆角矩形工具，在文档窗口中单击，然后为圆角半径输入新值，如图 2-3-13 所示。默认半径仅应用于绘制的新的圆角矩形，而不是现有圆角矩形。

• 在使用圆角矩形工具拖动时更改圆角半径。按向上箭头键或向下箭头键，当圆角达到所需圆度时，松开键。要在使用圆角矩形工具拖动时创建方形圆角，按向左箭头键。要在使用圆角矩形工具拖动时创建最圆的圆角，按向右箭头键。

（13）椭圆工具（L）

用于绘制圆和椭圆。选择椭圆工具，向对角线方向拖动直到椭圆达到所需大小。

单击椭圆定界框左上角所在的位置，在【椭圆】面板中指定宽度和高度，然后单击【确定】，如图 2-3-14 所示。

注：要创建正圆，在拖动时按住 Shift 键，或者如果指定尺寸，则在【椭圆】面板中输入相同的宽度值和高度值。

（14）多边形工具

用于绘制规则的多边形。选择多边形工具，拖动直到多边形达到所需大小，拖动指针可以旋转多边形，按向上箭头键或向下箭头键可以添加或删除多边形的边。

单击希望多边形中心所在的位置，在面板中指定多边形的半径和边的数量，然后单击【确定】，如图 2-3-15 所示。

注：三角形也是多边形，利用多边形工具可以绘制所需的任何多边形。

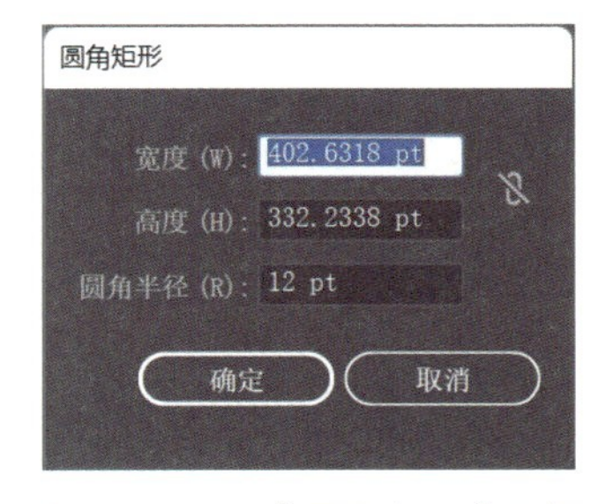

图 2-3-13 【圆角矩形】面板

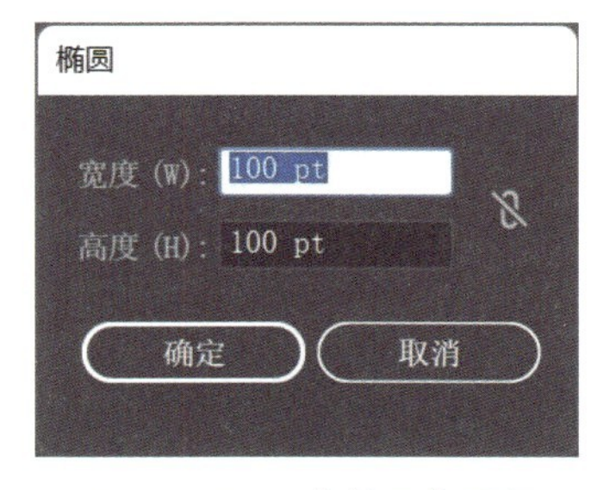

图 2-3-14 【椭圆】面板

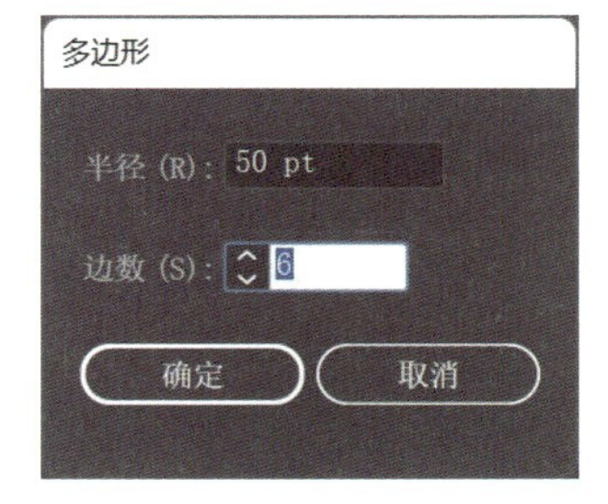

图 2-3-15 【多边形】面板

（15）星形工具

用于绘制星形。选择星形工具，拖动直到星形达到所需大小。拖动弧线中的指针以旋转星形。按向上箭头键或向下箭头键可以添加或删除星形中的点。

单击希望星形中心所在的位置，在面板中指定星形的半径和角点数，如图 2-3-16 所示。【半径 1】，指定从星形中心到星形最内点的距离。【半径 2】，指定从星形中心到星形最外点的距离。【角点数】，指定希望星形具有的点数，然后单击【确定】。

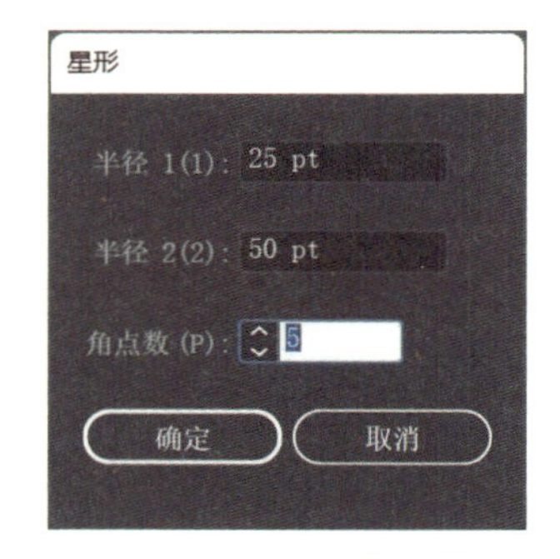

图 2-3-16 【星形】面板

（16）光晕工具

用于创建类似镜头光晕或太阳光晕的效果。选择光晕工具后在编辑区点击鼠标左键不松开拖曳至合适大小，然后在编辑区的另外地方再次点击一下鼠标左键，会出现如图 2-3-17 所示效果。

如果只想要图 2-3-17 中的一部分光晕效果，可以双击工具栏的光晕工具，出现【光晕工具选项】对话框，如图 2-3-18 所示（去除部分属性）。

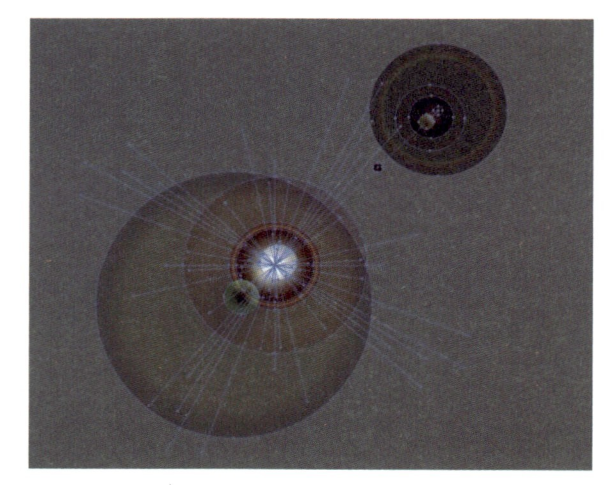

图 2-3-17 创建光晕效果

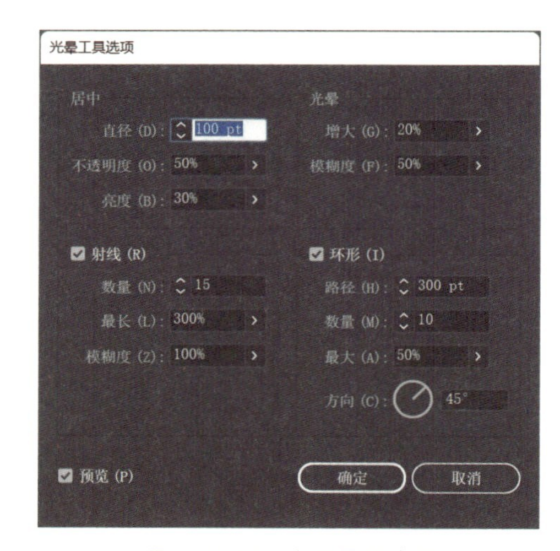

图 2-3-18 光晕工具选项

（17）画笔工具（B）

画笔工具用于绘制徒手画和书法线条以及路径图稿和图案。画笔可以为路径描边，使其呈现为传统的毛笔效果，也可以为路径添加复杂的图案和纹理。选中一个图形，单击【画笔】面板中的一个画笔，即可对其应用画笔描边，如图 2-3-19 所示。如果当前路径已经应用了画笔描边，则新画笔会替换旧画笔。

如果在【画笔】面板中选中一个画笔，并使用画笔工具在画面中拖曳，则可以绘制路径并使用所选画笔描边路径。

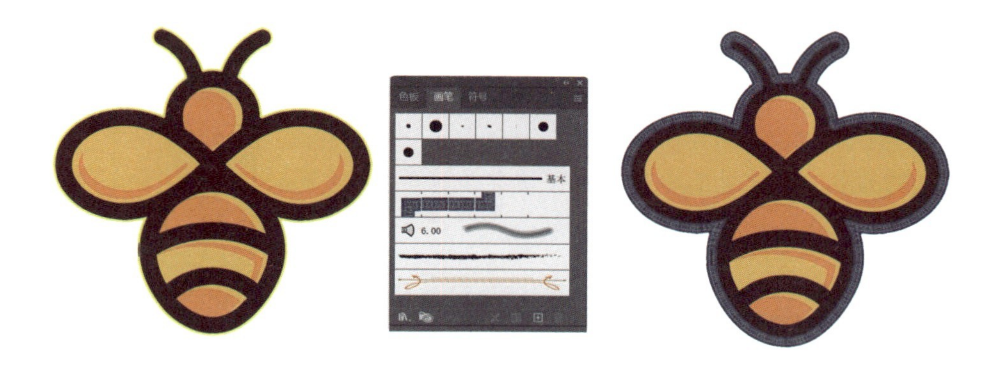

图 2-3-19 选中图形，应用画笔描边

Illustrator 中包含 4 种类型的画笔，书法画笔可创建书法效果的描边，如图 2-3-20 所示；散布画笔可以将一个对象（如一只瓢虫或一片树叶）沿着路径分布，如图 2-3-21 所示；艺术画笔能够沿着路径的长度均匀拉伸画笔的形状或对象的形状，可模拟水彩、毛笔、炭笔等效果，如图 2-3-22 所示；图案画笔可以使图案沿着路径重复拼贴，如图 2-3-23 所示。

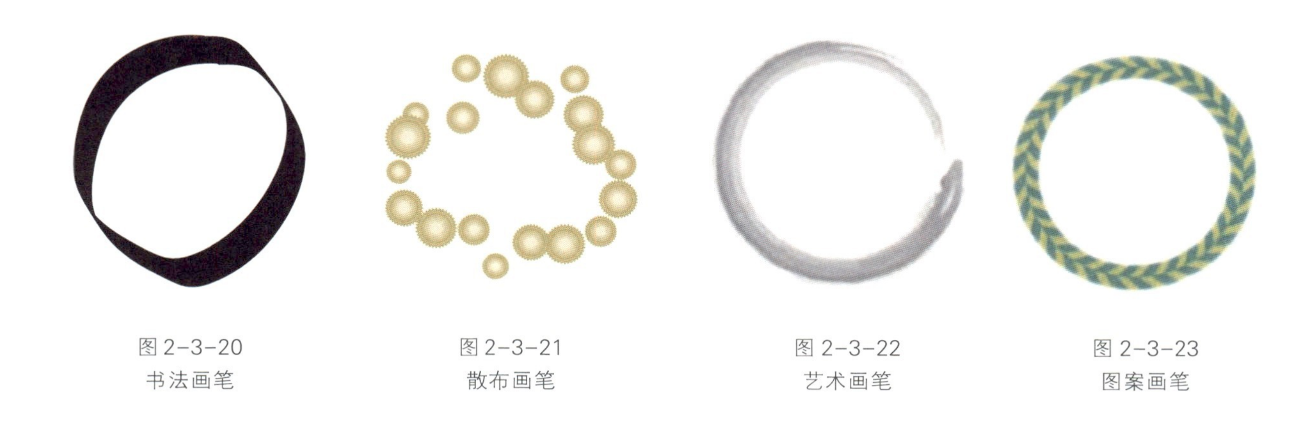

图 2-3-20 书法画笔　图 2-3-21 散布画笔　图 2-3-22 艺术画笔　图 2-3-23 图案画笔

（18）斑点画笔工具（Shift+B）

斑点画笔工具可绘制填充的形状，以便与具有相同颜色的其他形状进行交叉和合并。

双击斑点画笔工具，可以设置以下选项，如图 2-3-24 所示。

• 保持选定——指定绘制合并路径时，所有路径都将被选中，并且在绘制过程中保持被选中状态。该选项在查看包含在合并路径中的全部路径时非常有用。

• 仅与选区合并——指定仅将新笔触与目前已选中的路径合并。如果选择该选项，则新笔触不会与其他未选中的交叉路径合并。

• 保真度——控制使用工具时 Illustrator 应用的平滑程度。保真度的值介于精确与平滑之间。

• 大小——决定画笔的大小。

• 角度——决定画笔旋转的角度。拖移预览区中的箭头，或在“角度”文本框中输入一个数值。

• 圆度——决定画笔的圆度。将预览中的黑点朝向或背离中心方向拖移，或者在“圆度”文本框中输入一个数值。该数值越大，圆度就越大。

使用书法画笔和斑点画笔工具创建的路径效果如图 2-3-25 所示。

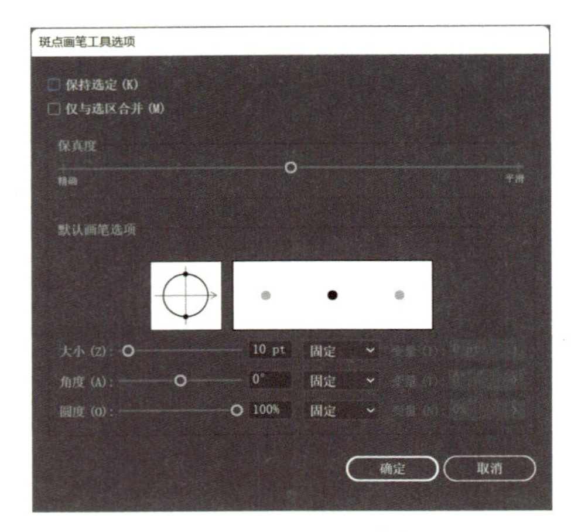

图 2-3-24　斑点画笔工具选项

（a）使用书法画笔创建的路径

（b）使用斑点画笔工具创建的路径

图 2-3-25　使用画笔创建路径

（19）铅笔工具（N）

用于绘制和编辑自由线段。使用铅笔工具绘图就像用铅笔在纸上绘画一样，可绘制出比较随意的路径。选择该工具后，单击拖曳即可绘制路径，如图 2-3-26 所示。

除用于绘制路径外，铅笔工具还可以修改现有的路径。例如，选择一条开放式路径，选择铅笔工具，将光标移动到路径上，当光标中的“*”消失时，单击拖曳可以改变路径的形状，如图 2-3-27 所示。如果将光标移动到路径的端点上，光标会变为状，单击拖曳可延长该段路径；如果拖曳至路径的另一个端点上，光标会变为状，则可闭合路径；如果拖动鼠标时按住 Alt 键，光标会变为状，则可绘制直线段路径。

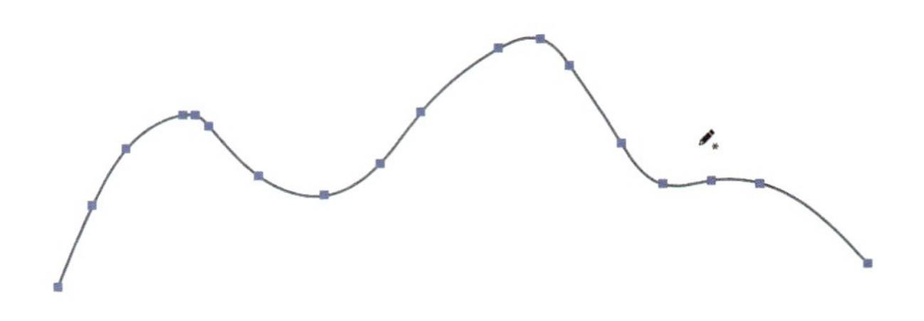

图 2-3-26　绘制闭合路径

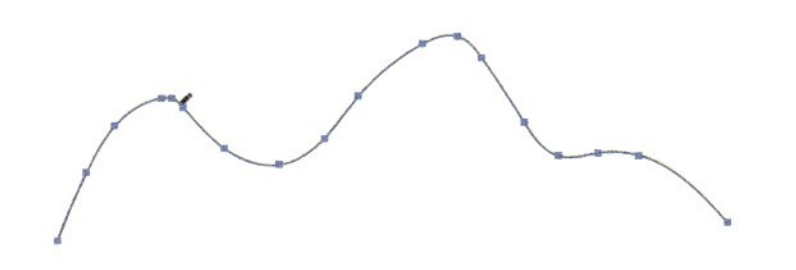
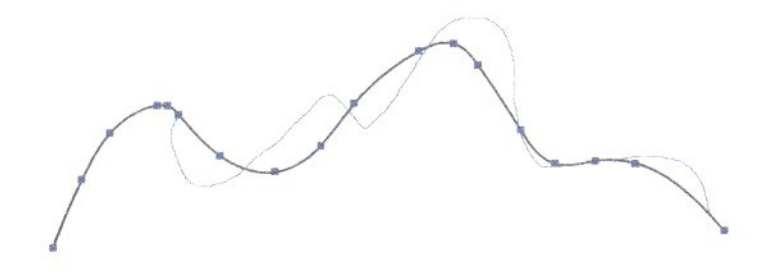
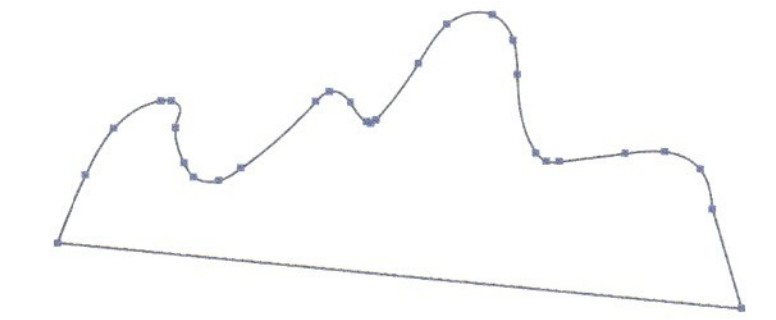

图 2-3-27 修改路径的形状

选择两条开放路径后，使用铅笔工具单击一条路径的端点，并拖曳至另一条路径的端点上，光标变为✎状，释放鼠标后，可将两条路径连接在一起。

（20）✎ 平滑工具

用于调整路径，使边缘和曲线更平滑。选择平滑工具，沿要平滑的路径线段长度拖动工具，继续平滑直到描边或路径达到所需平滑度，如图 2-3-28 所示。

要更改平滑量，可双击平滑工具并设置保真度，如图 2-3-29 所示。

保真度，用于控制使用工具时 Illustrator 应用的平滑程度。保真度的值介于精确与平滑之间。

（21）✎ 路径橡皮擦工具

用于从对象中擦除路径和锚点。当将要抹除的部分限定为一个路径段（如三角形的一条边）时，此工具很有用。

选择路径橡皮擦工具，沿要抹除的路径段的长度拖动此工具。要获得最佳效果，可使用单一的平滑拖动动作，如图 2-3-30 所示。

图 2-3-28 平滑路径

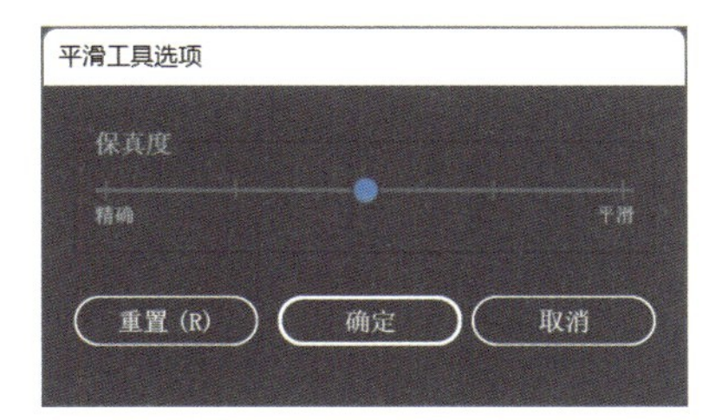

图 2-3-29 平滑工具选项

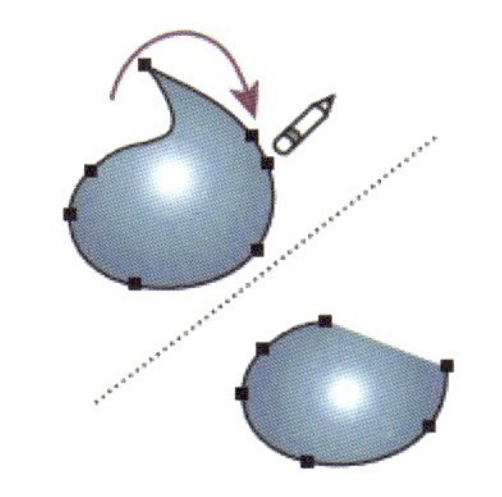

图 2-3-30 使用路径橡皮擦工具抹除路径的一部分

（22）✎ 切片工具（Shift+K）

切片工具用于将图稿分割为单独的 Web 图像。

（23）✎ 切片选择工具

切片选择工具用于选择 Web 切片。

（24）透视网格工具（Shift+P）

可启用网格功能，支持在真实的透视图平面上直接绘图。在精确的一点、两点或三点透视中使用透视网格绘制形状和场景，如图 2-3-31 所示。

虽然 Illustrator 主要用来绘制矢量图形，主要是平面图形，但是透视视图的添加使其可以使用矢量格式来更加精确地绘制具有三维空间的图形对象。

在任何画板中，选择透视网格工具，即可显示透视网格，默认的是两点透视网格效果，如图 2-3-32 所示。

要在透视中绘制对象，可以在网格可见时使用线段组工具或矩形组工具绘制三维图形对象，如图2-3-33所示。在使用矩形组工具或线段组工具时，可以通过按住 Ctrl 键切换到透视选区工具。

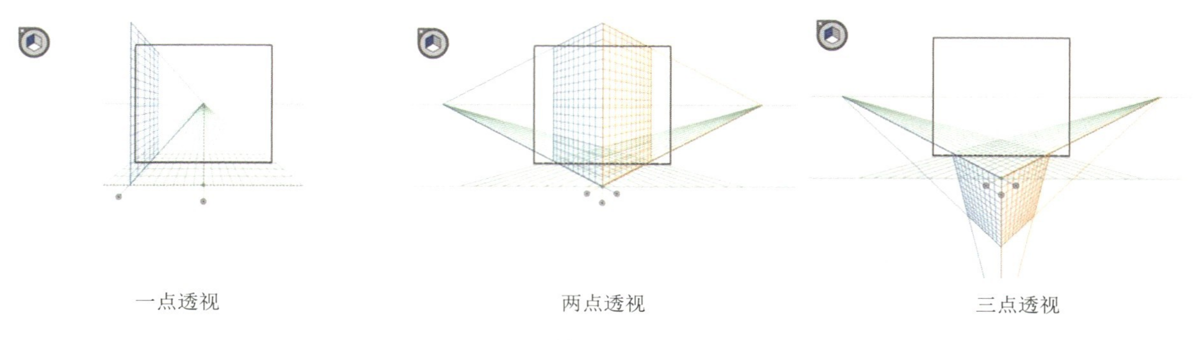

图 2-3-31　使用透视网格绘制形状

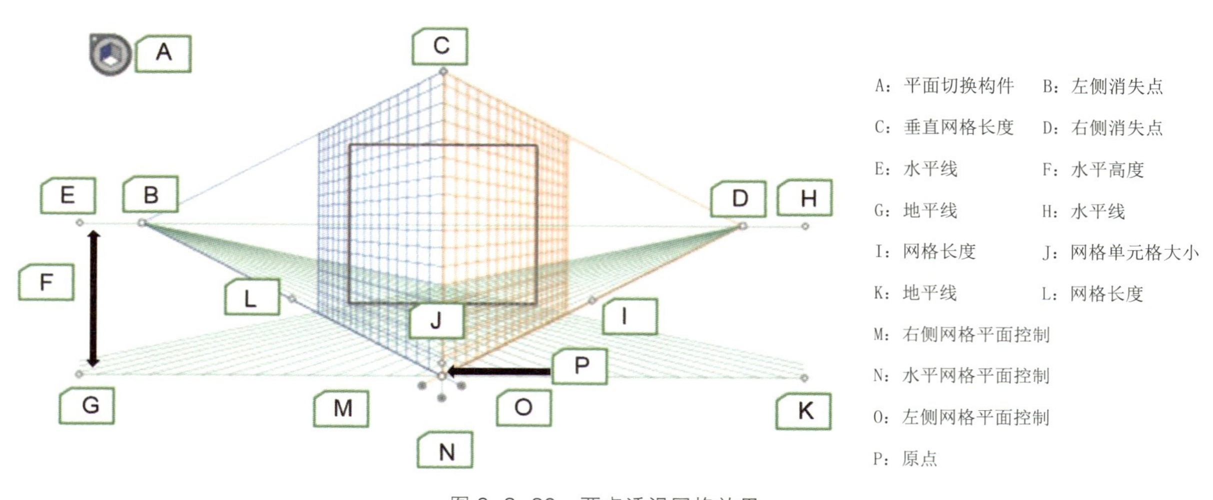

图 2-3-32　两点透视网格效果

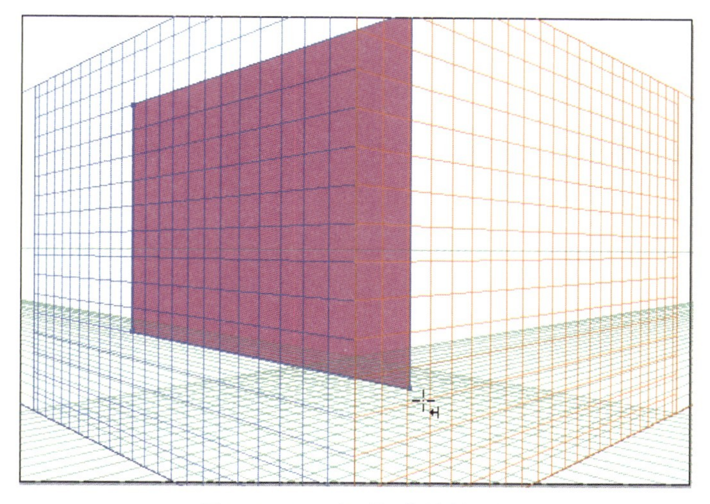

图 2-3-33 在透视中绘制对象

（25）透视选区工具（Shift+V）

透视选区工具可对透视的面进行选择，可以动态地移动、缩放、复制和变换对象，还可以沿着与当前对象位置垂直的方向来移动对象。这个技巧在创建平行对象时很有用，如房间的墙壁，使用透视选区工具选择对象，按住 F5 键不放，将对象拖动到所需位置。此操作将沿对象的当前位置平行移动对象。在移动时使用 Alt 以及 F5 键，则会将对象复制到新位置，而不会改变原始对象。在“背面绘图”模式下，此操作可在原对象背面创建对象，如图 2-3-34 所示。

双击工具箱中的透视选区工具，弹出【透视网格选项】对话框，可以设置透视的选项参数，如图 2-3-35 所示。

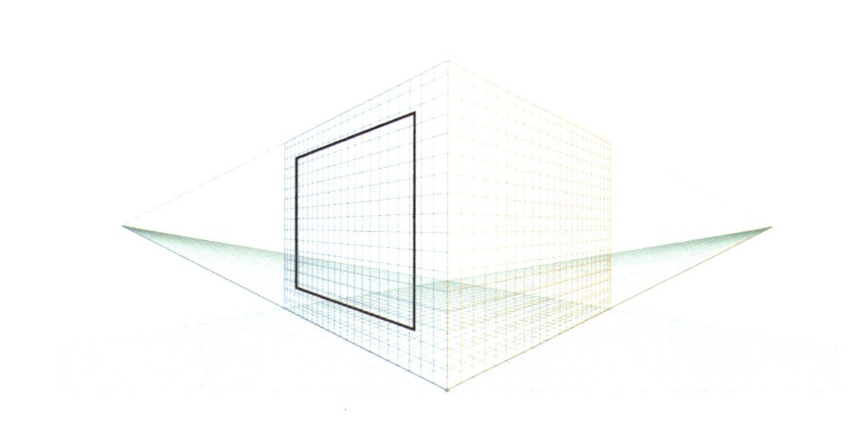

图 2-3-34 使用透视选区工具对透视的面进行选择

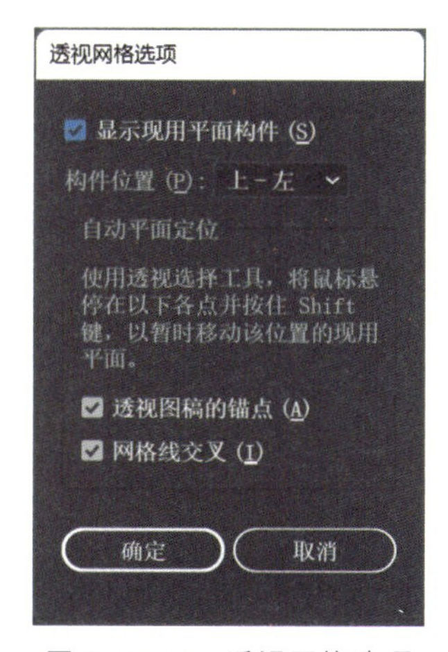

图 2-3-35 透视网格选项

2.4 文字类工具

T 文字工具用于创建单独的文字和文字容器，并允许输入和编辑文字，如图 2-4-1 所示。

区域文字工具用于将封闭路径改为文字容器，并允许在其中输入和编辑文字，如图2-4-2所示。

路径文字工具用于将路径更改为文字路径，并允许在其中输入和编辑文字，如图2-4-3所示。

↓T 直排文字工具用于创建直排文字和直排文字容器，并允许在其中输入和编辑直排文字，如图 2-4-4 所示。

直排区域文字工具用于将封闭路径更改为直排文字容器，并允许在其中输入和编辑文字，如图 2-4-5 所示。

直排路径文字工具用于将路径更改为直排文字路径，并允许在其中输入和编辑文字，如图 2-4-6 所示。

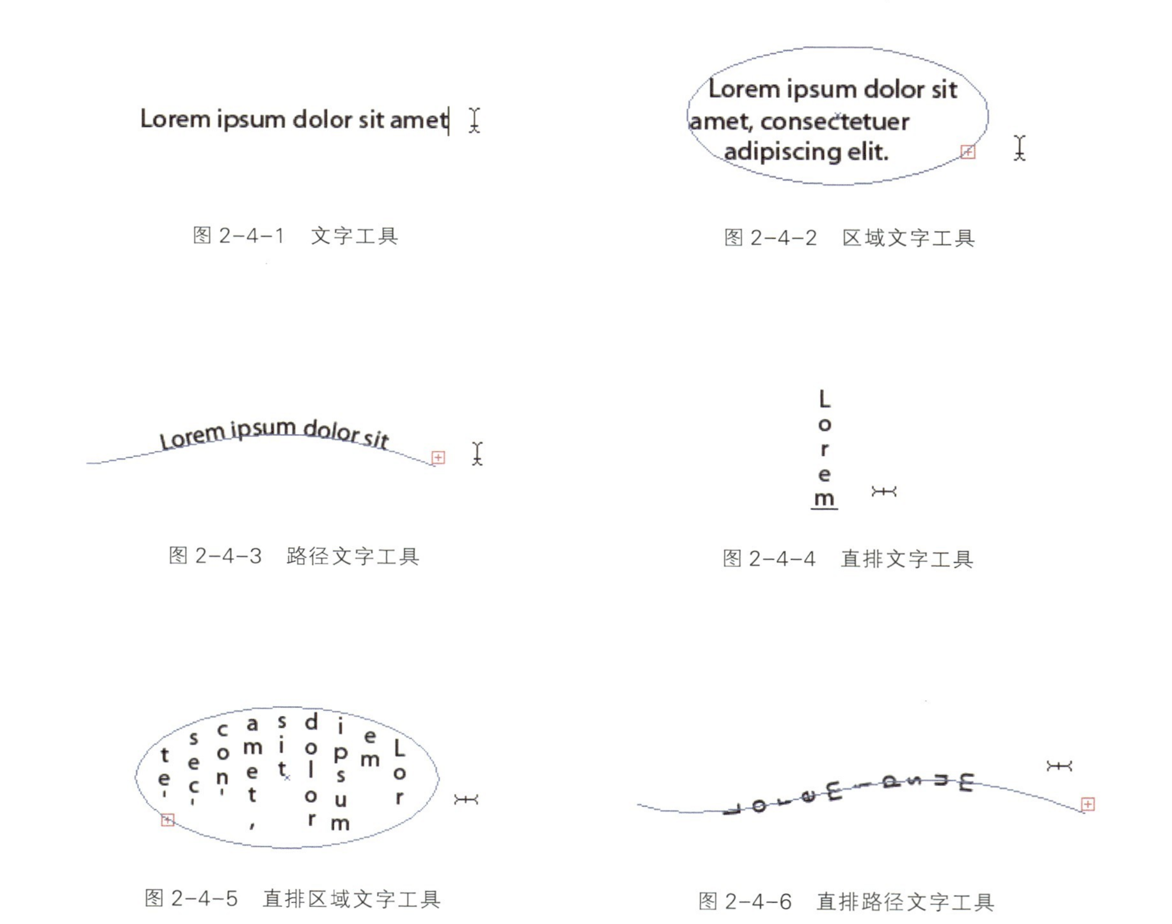

图 2-4-1　文字工具

图 2-4-2　区域文字工具

图 2-4-3　路径文字工具

图 2-4-4　直排文字工具

图 2-4-5　直排区域文字工具

图 2-4-6　直排路径文字工具

文字类工具光标状态详解。

准备开始放置文字。

准备开始放置段落文字。

准备开始在路径上放置文字。

准备开始放置直排文字。

准备开始放置直排段落文字。

准备开始在路径上放置直排文字。

在路径文字或者段落文字超出段落框时，使用直接选择工具点击“+”号时出现此光标，可在新的位置放置超出段落框的文字。

在路径文字上，使用直接选择工具，放置在路径文字末端的竖线时出现此光标，可设置路径文字的末端。

在路径文字上，使用直接选择工具，放置在路径文字中间的竖线时出现此光标，可拖动路径文字，改变其位置。

选择文字工具或已输入的文字，属性栏会出现文字属性，可以单击【字符】选项，打开【字符】面板，如图 2-4-7 所示。也可单击【段落】选项，打开【段落】面板，如图 2-4-8 所示。将鼠标停留在图标上，会出现相应的提示。

处理路径文字：路径文字的开头、中间和末尾会有三根细竖线，用直接选择工具拖曳它们，可以设置文字的起点、文字的末端，选中中间的细线还可以对文字进行移动、垂直翻转（图 2-4-9）。路径文字的垂直翻转也可以通过菜单来实现，执行【文字】/【路径文字】/【路径文字选项】命令，选中【翻转】即可。

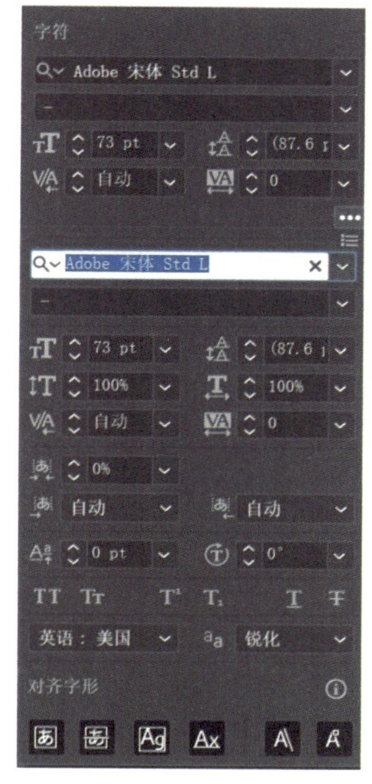

图 2-4-7 【字符】面板

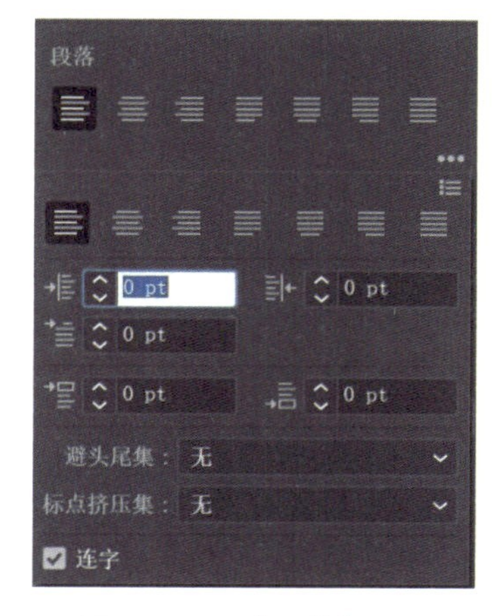

图 2-4-8 【段落】面板

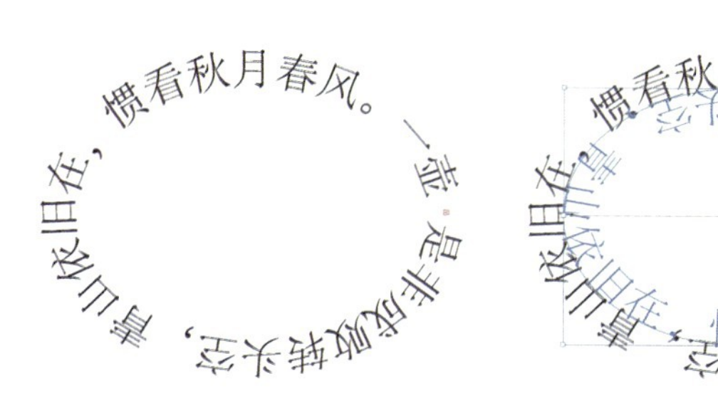

图 2-4-9 处理路径文字

2.5 上色类工具

（1）■ 渐变工具（G）

渐变工具用于调整对象内渐变的起点和终点以及角度，或者向对象应用渐变。渐变颜色由沿着渐变滑块的一系列色标决定。色标标记渐变从一种颜色到另一种颜色的转换点，由渐变滑块下的圆圈所标示。这些圆圈显示了当前指定给每个渐变色标的颜色。使用径向渐变时，最左侧的渐变色标定义了中心点的颜色填充，它呈辐射状向外逐渐过渡到最右侧渐变色标的颜色。

使用【渐变】面板中的选项或者使用渐变工具，可以指定色标的数目和位置、颜色显示的角度、椭圆渐变的长宽比以及每种颜色的不透明度。

在【渐变】面板中，渐变填色框显示当前的渐变色和渐变类型。单击渐变填色框时，选定的对象中将填入此渐变。渐变菜单列出可供选择的所有默认渐变和预存渐变。在列表的底部是【添加到色板】按钮，单击该按钮可将当前渐变设置存储到色板中。

默认情况下，【渐变】面板包含开始和结束颜色框，但也可以通过单击渐变滑块中的任意位置来添加更多颜色框。双击渐变色标可打开渐变色标的【颜色】面板，从而可以从【颜色】面板和【色板】面板选择一种颜色，如图 2-5-1 所示。

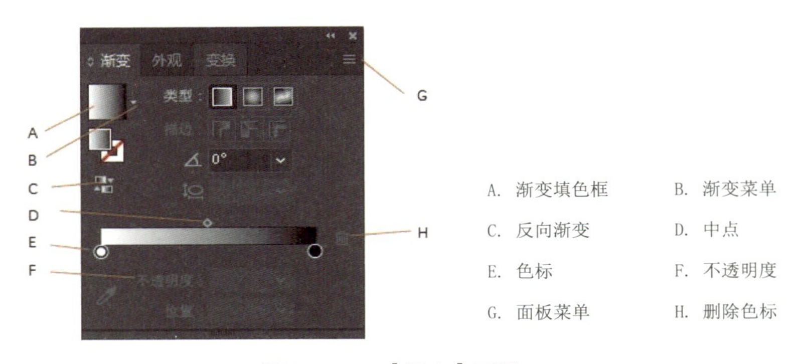

图 2-5-1 【渐变】面板

使用渐变工具来添加或编辑渐变。在未选中的非渐变填充对象中单击渐变工具时，将使用上次使用的渐变来填充对象。渐变工具也提供【渐变】面板所提供的大部分功能。选择渐变填充对象并选择渐变工具时，该对象中将出现一个具有渐变色标和位置指示器的滑块（与【渐变】面板中的渐变滑块相同）。可以使用这个渐变滑块修改线性渐变的角度、位置和范围，或者修改径向渐变的焦点、原点和范围。将光标置于渐变滑块任意位置并出现添加光标 ▷₊ 时，单击渐变滑块可以添加新的渐变色标，双击各个渐变色标可指定新的颜色和不透明度设置，或将渐变色标拖动到新位置，如图 2-5-2 所示。

将光标置于渐变滑块的方形端并出现旋转光标 ↻ 时，可以通过旋转拖动来重新定位渐变的角度。拖动渐变滑块的圆形端可重新定位渐变的原点，而拖动渐变滑块的方形端则会增加或减少渐变的范围，如图 2-5-3 所示。

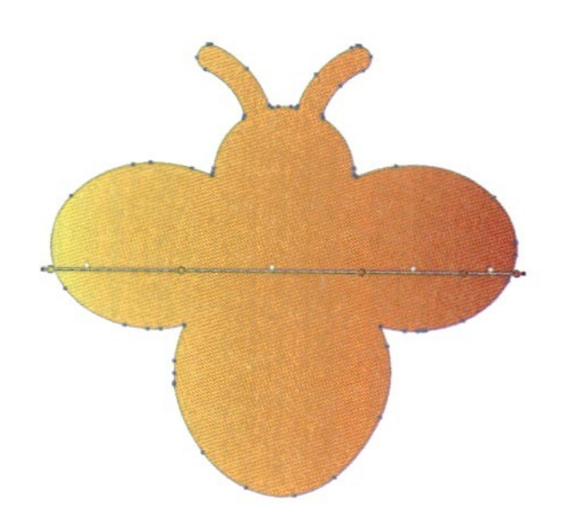

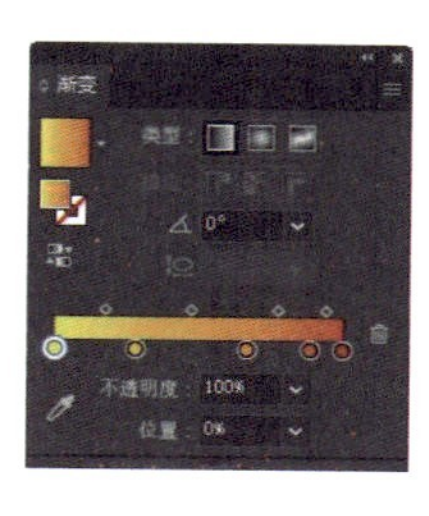

图 2-5-2 使用对象中的渐变滑块，可修改线性渐变的角度、位置和范围，指定新的颜色

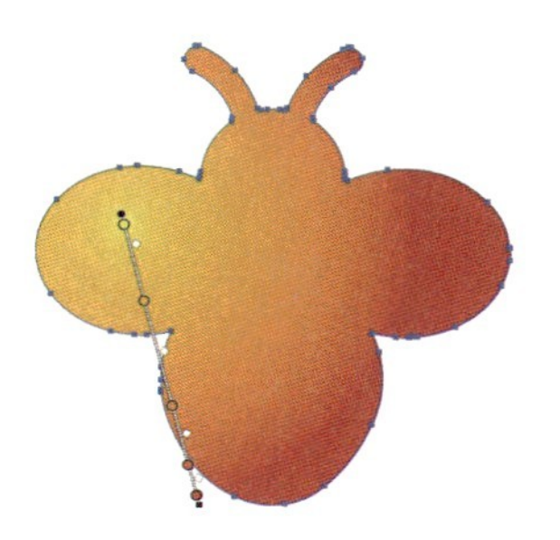

图 2-5-3 使用渐变滑块更改渐变的半径和角度

（2）网格工具（U）

网格工具用于创建和编辑网格以及网格封套。网格对象是一种多色对象，它的颜色可以沿不同方向顺畅分布且从一点平滑过渡到另一点。创建网格对象时，将会有多条线（称为网格线）交叉穿过对象，这为处理对象上的颜色过渡提供了一种简便方法。通过移动和编辑网格线上的点，可以更改颜色的变化强度，或者更改对象上的着色区域范围。

在两条网格线相交处有一种特殊的锚点，称为网格点。网格点以菱形显示，且具有锚点的所有属性，只是增加了接受颜色的功能。网格点可以添加、删除和编辑，或更改与每个网格点相关联的颜色。

网格中也同样会出现锚点（区别在于其形状为正方形而非菱形），这些锚点与 Illustrator 中的任何锚点一样，可以添加、删除、编辑和移动。锚点可以放在任何网格线上，可以单击一个锚点，然后拖动其方向控制手柄来修改该锚点。

任意 4 个网格点之间的区域称为网格面片（图 2-5-4），可以用更改网格点颜色的方法来更改颜色。

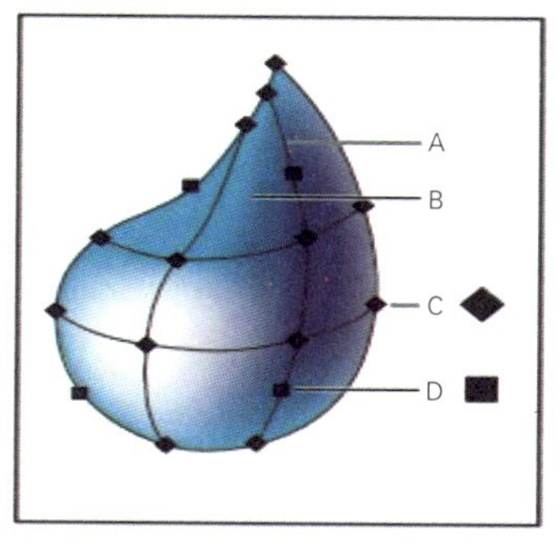

A. 网格线 B. 网格面片 C. 网格点 D. 锚点

图 2-5-4 网格对象示意图

编辑网格对象。添加网格点，可选择网格工具，为新网格点选择填充颜色。然后，单击网格对象中的任意一点。删除网格点，可按住 Alt 键，用网格工具单击该网格点。移动网格点，可用网格工具或直接选择工具拖动。按住 Shift 键并使用网格工具拖动网格点，可使该网格点保持在网格线上。要沿一条弯曲的网格线移动网格点而不使该网格线发生扭曲，这不失为一种简便的方法，如图 2-5-5 所示。

更改网格点或网格面片的颜色，可选择网格对象，将【颜色】面板或【色板】面板中的颜色拖到该点或面片上。或者，取消选择所有对象，选择一种填充颜色，然后选择网格对象，使用吸管工具将填充颜色应用于网格点或网格面片，如图2-5-6所示。

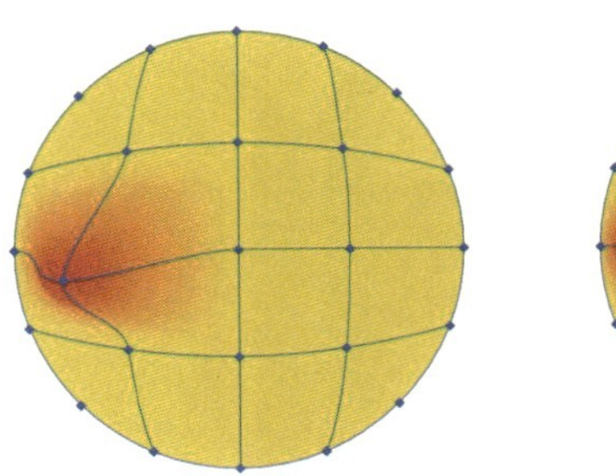
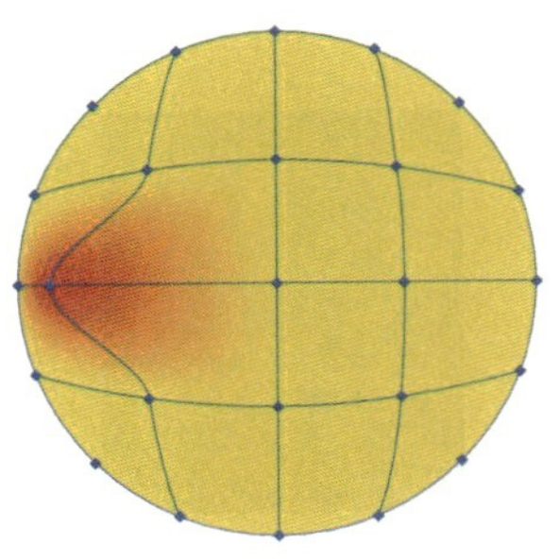

图 2-5-5　以拖移的方式移动网格点（左图）与使用网格工具按住 Shift 键并拖移的方式将点限制在网格线上（右图）的对比图

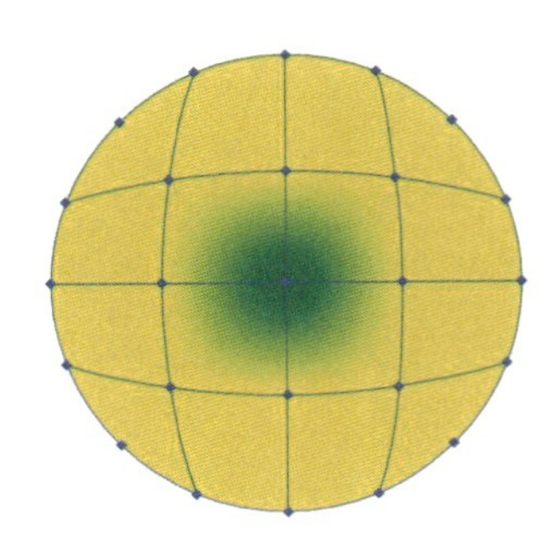
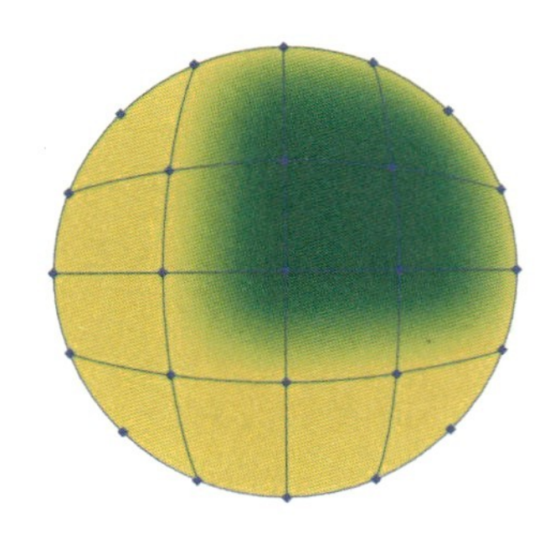

图 2-5-6　向网格点添加颜色（左图）与向网格面片添加颜色（右图）的对比图

（3）实时上色工具（K）

实时上色工具用于按当前的上色属性绘制实时上色组的表面和边缘。通过将图稿转换为实时上色组，可以任意对它们进行着色，就像对画布或纸上的绘画进行着色一样。可以使用不同颜色为每个路径段描边，并使用不同的颜色、图案或渐变填充每个路径（注意，并不仅仅是封闭路径）。

实时上色是一种创建彩色图画的直观方法。采用这种方法，可以使用 Illustrator 的所有矢量绘画工具，并将绘制的全部路径视为在同一平面上。也就是说，没有任何路径位于其他路径之后或之前。实际上，路径将绘画平面分割成几个区域，可以对其中的任何区域进行着色，不论该区域的边界是由单条路径还是多条路径段确定。这样一来，为对象上色就犹如在涂色簿上填色，或是用水彩为铅笔素描上色。

一旦建立了实时上色组，每条路径都会保持完全可编辑。移动或调整路径形状时，前期已应用的颜色不会像在自然介质作品或图像编辑程序中那样保持在原处，相反，Illustrator 会自动将其重新应用于由编辑后的路径所形成的新区域，如图 2-5-7 所示。

实时上色组中可以上色的部分称为边缘和表面。边缘是一条路径与其他路径交叉后，处于交点之间的路径部分。表面是一条边缘或多条边缘所围成的区域。可以为边缘描边、为表面填色。

例如，画一个圆，再画一条线穿过该圆。作为实时上色组，分割圆的线条（边缘）在圆上创建了两个表面。可以使用实时上色工具，用不同颜色为每个表面填色、为每条边缘描边，如图2-5-8所示。

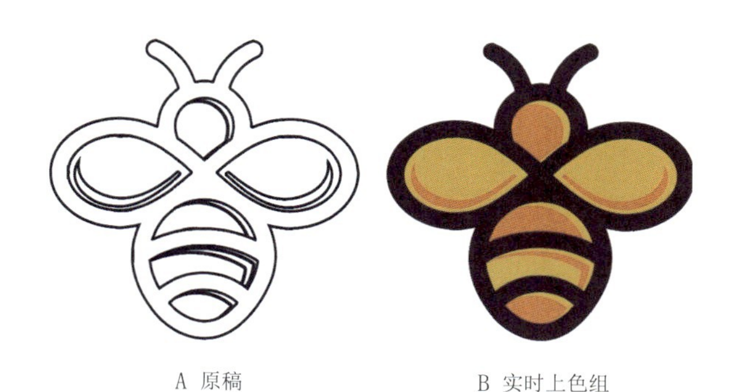

图 2-5-7 将图稿转换为实时上色组

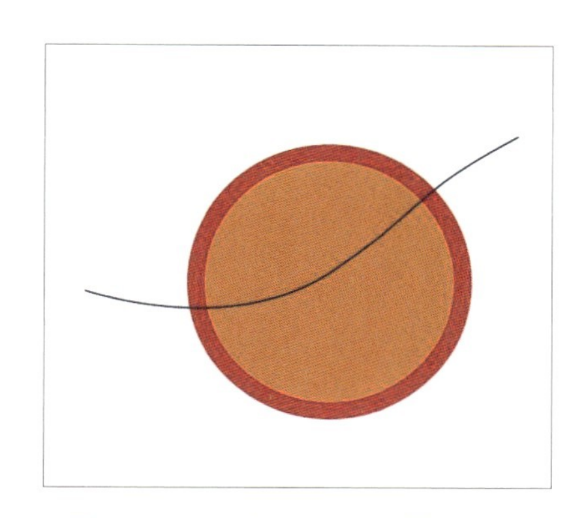

图 2-5-8 圆和线条（左图）与转换为实时上色组并为表面填色、为边缘描边后的圆和线条（右图）的对比图

（4）实时上色选择工具（Shift+L）

实时上色选择工具用于选择实时上色组中的表面和边缘。

将工具移近实时上色组，直至要选择的表面或边缘被突出显示为止（当实时上色选择工具贴近表面时，工具形状将变为；当实时上色选择工具贴近边缘时，工具形状将变为）。

• 单击可选择突出显示的表面或边缘，围绕多个表面或边缘拖动选框，完全或部分被选框包围的任何表面或边缘都将包含在选区中。

• 双击一个表面或边缘，可选择与之颜色相同的所有相连表面或边缘（连选）。

• 三击一个表面或边缘，可选择与之颜色相同的所有表面或边缘（选择相同项）。

如果很难选择小的表面或边缘，可以放大视图或将实时上色选择工具选项设置为仅选择填充或描边。要在选区中添加或删除表面或边缘，可按住 Shift 键并单击要添加或删除的表面或边缘。

若要切换到吸管工具并对填色和描边进行取样，可按住 Alt 键并单击所需的填色和描边。

通过双击工具面板中的实时上色选择工具，可以访问此工具的选项，如图 2-5-9 所示。

• 选择填色——选择实时上色组的表面（边缘内的区域）。

• 选择描边——选择实时上色组的边缘。

• 突出显示——勾画出光标当前所在表面或边缘的轮廓。

• 颜色——设置突出显示线的颜色。可以从菜单中选择颜色，也可以单击颜色色板来指定颜色。

• 宽度——指定所选项目的突出显示线的粗细。

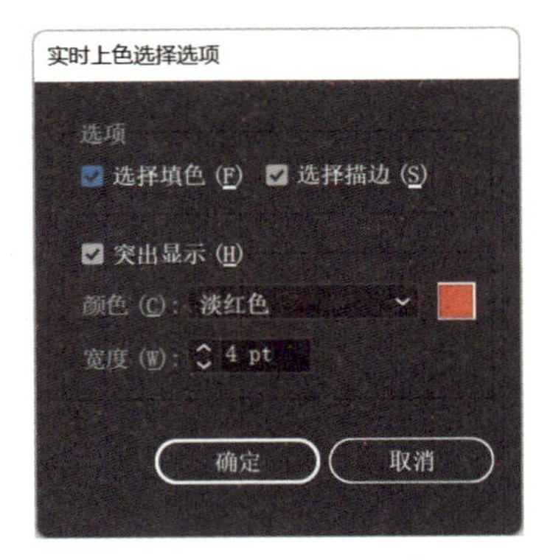

图 2-5-9　实时上色选择选项

2.6　修改类工具

（1）旋转工具（R）

旋转工具可以围绕固定点旋转对象。旋转对象功能可使对象围绕指定的固定点旋转。默认的参考点是对象的中心点。如果选区中包含多个对象，则这些对象将围绕同一个参考点旋转，默认情况下，这个参考点为选区的中心点或定界框的中心点。若要使每个对象都围绕其自身的中心点旋转，可使用【分别变换】命令，如图 2-6-1 所示。

图 2-6-1　旋转工具（左侧）与【分别变换】命令（右侧）的结果对比图

（2）镜像工具（O）

镜像工具可以围绕固定轴翻转对象。要绘制镜像对象时所要基于的不可见轴，可在文档窗口的任何位置单击，确定轴上的一点。指针形状将变为箭头。将指针定位到轴上的另一点来确定不可见轴，再次单击确定不可见轴的第二个点。单击时，所选对象会以所定义的轴为对称轴进行翻转，如图 2-6-2 所示。

图 2-6-2　单击以设定轴的一点（左图），然后再次单击以设定轴的另一点，得到镜像对象（右图）

若要镜像对象的副本，可按住 Alt 键单击，以设置不可见轴的第二个点。通过拖动而非单击来调整镜像轴。按住 Shift 键拖动鼠标，可限制角度保持 45°。拖动时，不可见的镜像轴将围绕图 2-6-2 中的单击点旋转，并对称显示对象的轮廓。当镜像轮廓到达期望的位置时，释放鼠标按键，如图 2-6-3 所示。

图 2-6-3　拖动镜像轴的第二个轴点，旋转轴，使镜像轮廓到达期望的位置

（3）比例缩放工具（S）

比例缩放工具可以围绕固定点调整对象大小。若要相对于对象中心点缩放，可在文档窗口中的任一位置拖动鼠标，直至对象达到所需大小为止。若要相对于不同参考点进行缩放，可单击文档窗口中要作为参考点的位置，将指针朝向远离参考点的方向移动，然后将对象拖移至所需大小。若要在对象进行缩放时保持对象的比例，可在对角拖动时按住 Shift 键。若要沿单一轴缩放对象，可在垂直或水平拖动时按住 Shift 键。

（4）倾斜工具 / 切变工具

倾斜工具可以围绕固定点倾斜对象。若要相对于对象中心倾斜，可拖动文档窗口中的任意位置。若要相对于不同参考点进行倾斜，可单击文档窗口中的任意位置以移动参考点，将指针朝向远离参考点的方向移动，然后将对象拖移至所需倾斜度。若要沿对象的垂直轴倾斜对象，可在文档窗口中的任意位置向上或向下拖动。若要限制对象保持其原始宽度，可按住 Shift 键。若要沿对象的水平轴倾斜对象，可在文档窗口中的任意位置向左或向右拖动。若要限制对象保持其原始高度，可按住 Shift 键，如图 2-6-4 所示。

使用倾斜命令倾斜对象。从不同参考点进行倾斜，可选择倾斜工具，按住 Alt 键并单击文档窗口中要作为参考点的位置，在【倾斜】面板中输入一个 –359° ~ +359° 的倾斜角度值。倾斜角是沿顺时针方向应用于对象的相对于倾斜轴一条垂线的倾斜量。如果选择某个有角度的轴，以水平轴为准（或以垂直轴为准）倾斜对象，输入一个 –359° ~ +359° 的倾斜角度值。如果对象包含图案填充，可选择【变换图案】以移动图案。如果只想移动图案，而不想移动对象的话，则取消选择【变换对象】。单击【确定】，或者单击【复制】以倾斜对象的副本，如图 2-6-5 所示。

（5）整形工具

整形工具可以在保持路径整体细节完整无缺的同时，调整所选择的锚点。

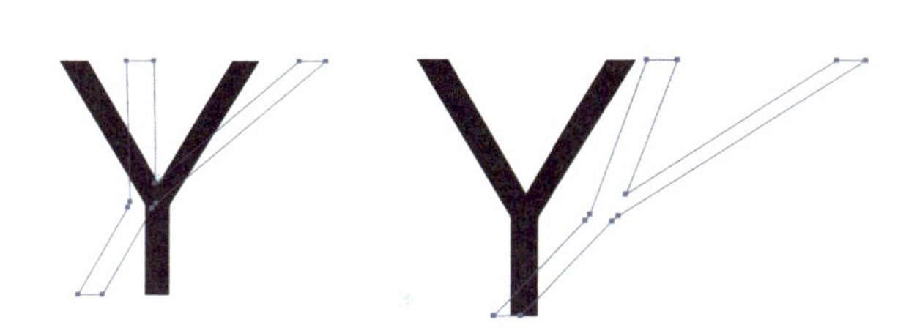

图 2-6-4　相对于中心倾斜（左图）和相对于用户定义参考点倾斜（右图）的对比图

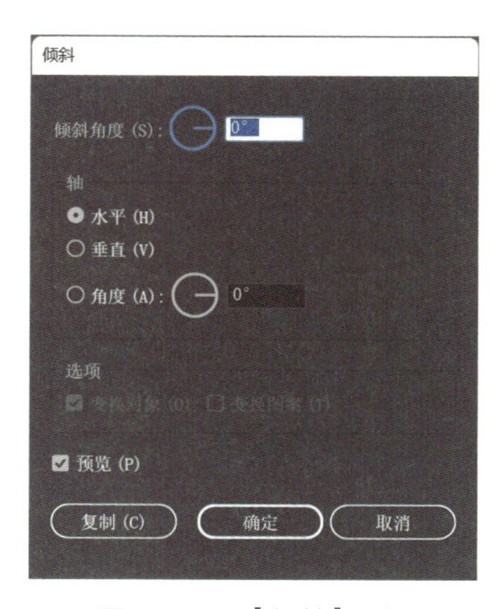

图 2-6-5　【倾斜】面板

（6）宽度工具（Shift+W）

宽度工具可变宽绘制的路径描边，并调整为各种多变的形状效果，如图 2-6-6 所示。它还可以创建并保存自定义宽度配置文件，可将该对象重新应用于任何笔触。

当鼠标使用宽度工具滑过一个笔触时，带句柄的中空钻石形图案将出现在路径上。可以调整笔触宽度、移动宽度点数、复制宽度点数和删除宽度点数。对于多个笔触，宽度工具仅调整活动笔触。如果想要调整笔触，要确保已在【外观】面板中将其选为活动笔触。

使用【宽度点数编辑】对话框创建或修改宽度点数，使用宽度工具双击该笔触，然后编辑宽度点数的值，如图 2-6-7 所示。如果选择【调整邻近的宽度点数】选项，对已选宽度点数的更改将同样影响邻近的宽度点数。如果按住 Shift 键双击该宽度点数，将自动选中该复选框。宽度工具在调整宽度变量时将区别连续点和非连续点。

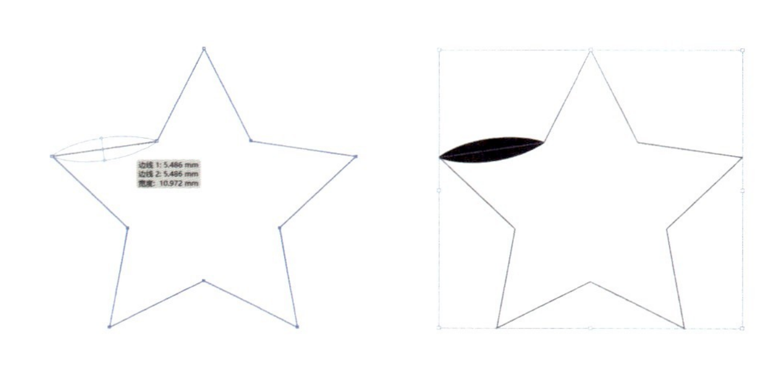

图 2-6-6　使用宽度工具调整路径形状

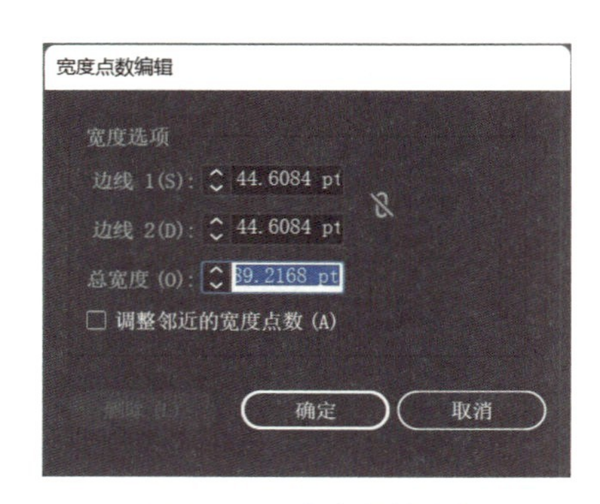

图 2-6-7　宽度点数编辑

（7）变形工具（Shift+R）

变形工具可以随光标的移动塑造对象形状。

（8）旋转扭曲工具

旋转扭曲工具可以在对象中创建旋转扭曲。

（9）缩拢工具

缩拢工具可通过向十字线方向移动控制点的方式缩拢对象。

（10）膨胀工具

膨胀工具可通过向远离十字线方向移动控制点的方式扩展对象。

（11）扇贝工具

扇贝工具可以向对象的轮廓添加随机弯曲的细节。

（12）晶格化工具

晶格化工具可以向对象的轮廓添加随机锥化的细节。

（13）皱褶工具

皱褶工具可以向对象的轮廓添加类似于皱褶的细节。

双击这些工具，可以打开相应的工具选项面板，如图 2-6-8、图 2-6-9 所示。

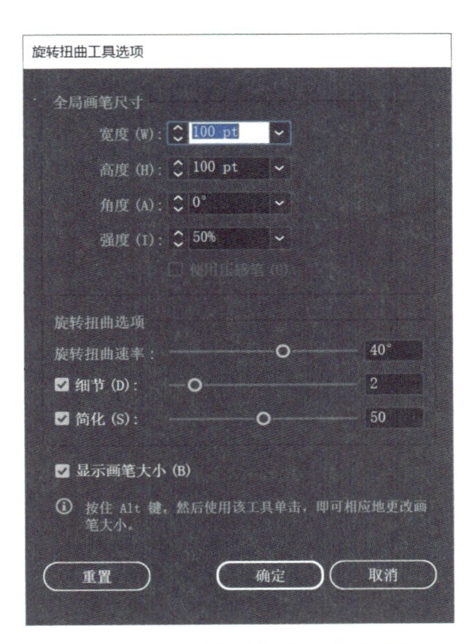

图 2-6-8　旋转扭曲工具选项

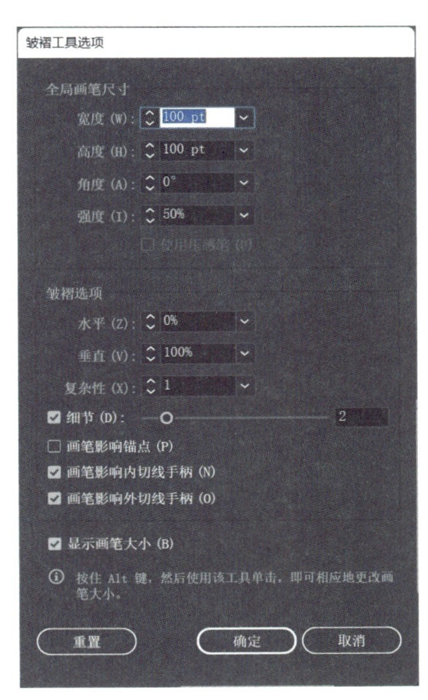

图 2-6-9　皱褶工具选项

• 宽度 / 高度——控制工具光标的大小。

• 角度——控制工具光标的方向。

• 强度——指定扭曲的改变速度。数值越高，改变速度越快。

• 使用压感笔——不使用【强度】值，而是使用来自写字板或书写笔的输入值。如果没有附带的压感写字板，此选项将为灰色。

• 复杂性（扇贝、晶格化和皱褶工具）——指定对象轮廓上特殊画笔结果之间的间距。该值与【细节】值有着密切的关系。

• 细节——指定引入对象轮廓的各点间的间距（数值越高，间距越小）。

• 简化（变形、旋转扭曲、缩拢和膨胀工具）——指定减少多余点的数量，而不致影响形状的整体外观。

• 旋转扭曲速率（仅适用于旋转扭曲工具）——指定应用于旋转扭曲的速率。输入 −180° ~ + 180° 的值。负值会顺时针旋转扭曲对象，而正值则逆时针旋转扭曲对象。输入的值越接近 −180° 或 + 180° 时，对象旋转扭曲的速度越快。若要慢慢旋转扭曲，则将速率指定为接近于 0° 的值。

• 水平 / 垂直（仅适用于皱褶工具）——指定到所放置控制点之间的百分比。

• 画笔影响锚点 / 画笔影响内切线手柄 / 画笔影响外切线手柄（扇贝、晶格化、皱褶工具）——启用工具画笔可以更改这些属性。

（14）自由变换工具（E）

自由变换工具可以对所选对象进行比例缩放、旋转、倾斜或扭曲。选择一个或多个对象，选择自由变换工具，沿对象的垂直轴进行扭曲，可以拖动左中部或右中部的定界框手柄，然后在向上或向下拖移时按住 Ctrl 键，直至所选对象达到所需的扭曲程度。按住“Shift + Alt + Ctrl”键可以透视扭曲，如图 2-6-10 所示。

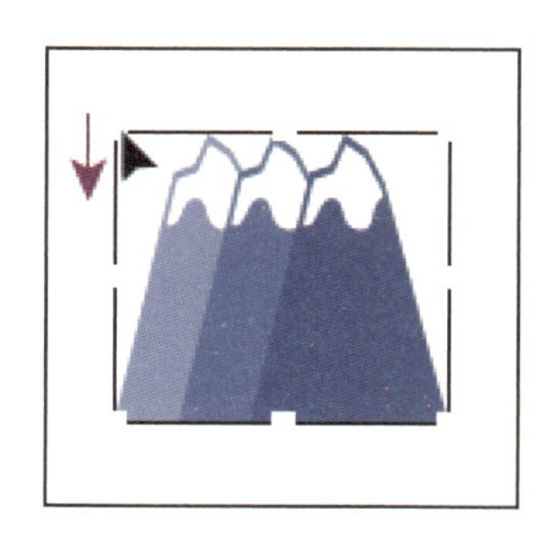
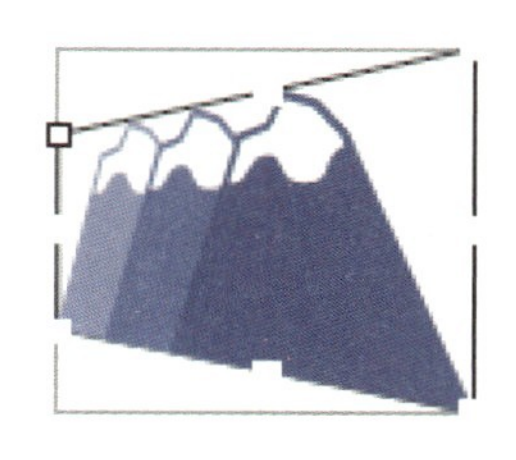

图 2-6-10　使用自由变换工具透视扭曲对象

（15）形状生成器工具（Shift + M）

形状生成器工具是一个通过合并或擦除简单形状创建复杂形状的交互式工具。它可用于简单和复合路径，并会自动高亮显示所选对象中可合并成新图形的边缘和区域，如图 2-6-11 所示。这一功能的前提是选择多个图形对象后再选择该工具。

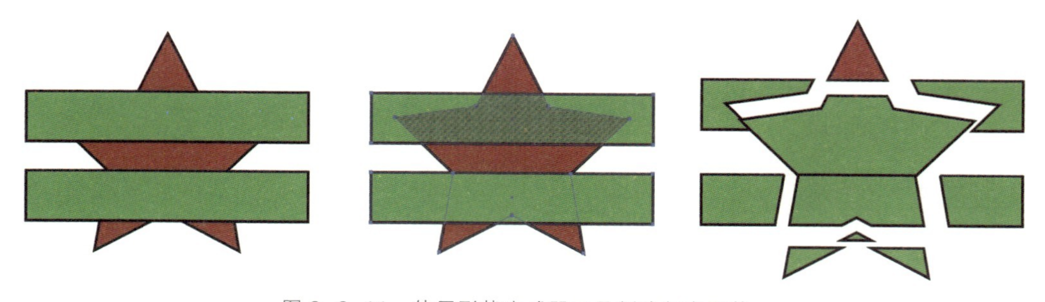

图 2-6-11　使用形状生成器工具创建复杂形状

（16）度量工具

度量工具用于测量两点之间的距离。单击第一点并拖移到第二点。按住 Shift 键拖移可以将工具限制为 45° 的倍数。【信息】面板将显示到 X 轴和 Y 轴的水平和垂直距离、绝对水平和绝对垂直距离、总距离以及测量的角度。

（17）吸管工具（I）

吸管工具用于从对象中采样以及应用颜色、文字和外观属性，其中包括效果。

（18）混合工具（W）

混合工具可以创建混合多个对象的颜色和形状的一系列对象。可通过双击混合工具或选择【对象】/【混合】/【混合选项】来设置混合选项。若要更改现有混合的选项，可先选择混合对象，如图 2-6-12 所示。

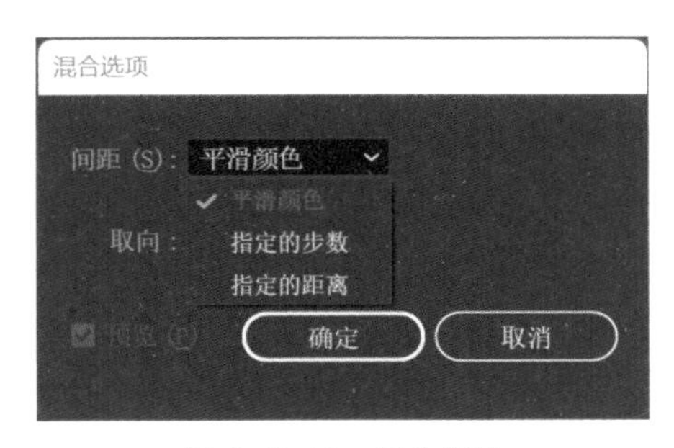

图 2-6-12 混合选项

• 间距——确定要添加到混合的步骤数。

平滑颜色——让 Illustrator 自动计算混合的步骤数。如果对象是使用不同的颜色进行的填色或描边，则计算出的步骤数将是为实现平滑颜色过渡而取的最佳步骤数。如果对象包含相同的颜色，或者包含渐变或图案，则步骤数将根据两对象定界框边缘之间的最长距离计算得出。

指定的步数——用来控制在混合开始与混合结束之间的步骤数。

指定的距离——用来控制混合步骤之间的距离。指定的距离是指从一个对象边缘到下一个对象相对应边缘之间的距离（例如，从一个对象的最右边到下一个对象的最右边）。

• 取向——确定混合对象的方向。

对齐页面——使混合垂直于页面的 X 轴。

对齐路径——使混合垂直于路径。

选择混合工具，将光标放在一个对象上，捕捉到锚点后光标会变为状，单击左键，然后将光标放在另一个对象上捕捉锚点，光标会变为状，再次单击左键即可创建混合，如图 2-6-13 所示。如果图形比较复杂，为避免发生扭曲，可选中图形，执行【对象】/【混合】/【建立】命令，或按“Ctrl+Alt+B”键来创建混合。

创建混合以后，选中混合对象，执行【对象】/【混合】/【反向混合轴】命令，可以交换对象的位置；执行【对象】/【混合】/【反向堆叠】命令，则可颠倒对象的前后堆叠顺序，如图 2-6-14 所示。

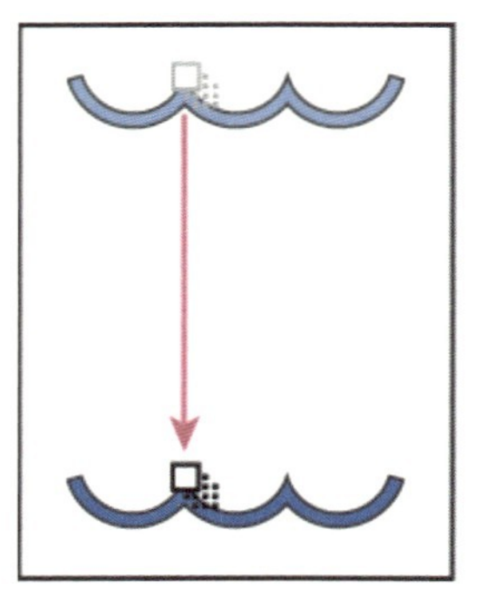
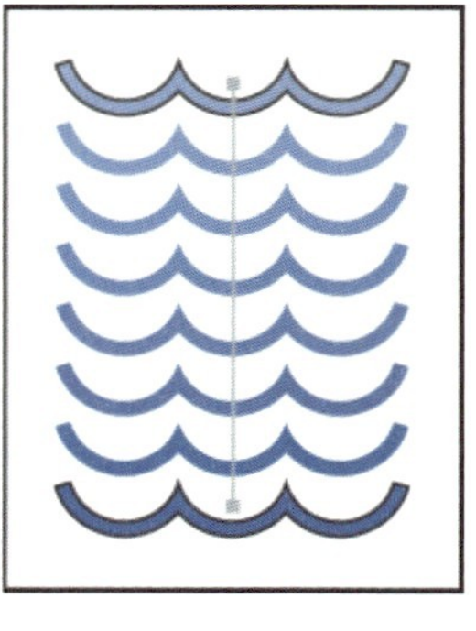

图 2-6-13 创建混合

图 2-6-14 颠倒对象的前后堆叠顺序

如果要释放混合，可执行【对象】/【混合】/【释放】命令；如果要将原始对象之间生成的新对象释放出来，可执行【对象】/【混合】/【扩展】命令。

创建混合后，Illustrator 会自动生成一条用于连接混合对象的路径（混合轴），使用直接选择工具在对象上单击选择混合轴，可在混合轴上添加和删除锚点，拖曳混合轴上的锚点或路径段，可调整混合轴的形状。

（19）橡皮擦工具（Shift+E）

橡皮擦工具用于擦除拖动过的任何对象区域。

（20）剪刀工具（C）

剪刀工具用于在特定点剪切路径。选择剪刀工具并单击要分割路径的位置。在路径段中间分割路径时，两个新端点将重合（一个在另一个上方）并选中其中的一个端点。

（21）美工刀

美工刀可剪切对象和路径。要剪切一个曲线路径，选择美工刀，将指针拖移至对象上方，在直线路径中进行剪切，在画板上使用美工刀单击时，按住 Alt 键并拖移。

2.7 拾色器

在默认情况下，绘制的图形对象由白色填色与黑色描边组合而成。填色和描边工具图标的左侧为填色色块，右侧为描边色块，并且前者在后者上方，处于启用状态，如图 2-7-1 所示。

双击填色色块，弹出【拾色器】对话框。使用【拾色器】可以从色谱中选取，或者通过指定颜色值的形式来选取颜色。【拾色器】对话框中的选项以及作用如图 2-7-2 所示。

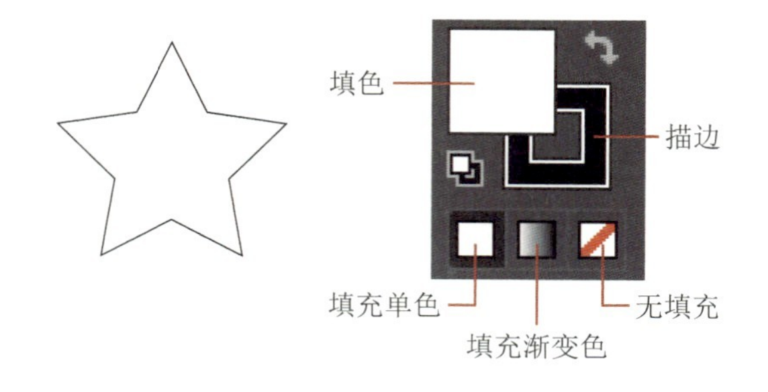

图 2-7-1 填色和描边工具

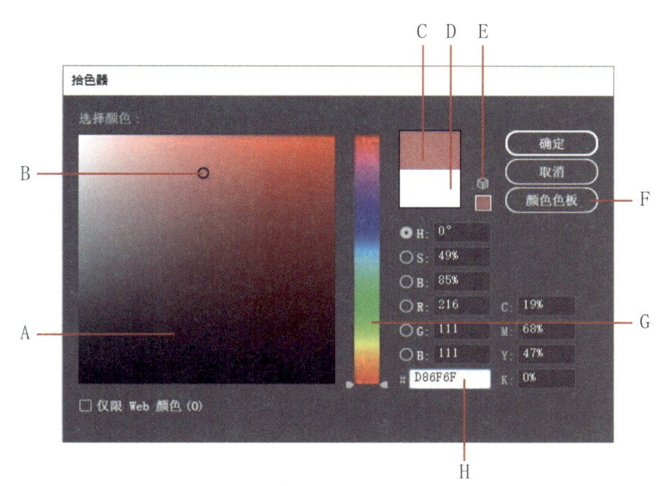

A. 色彩区域：在该区域中显示颜色范围。

B. 选取点：在色彩区域中单击得到的选取点即是要设置的颜色。

C. 当前选取颜色：显示确定的颜色。

D. 上次选取颜色：显示上次的颜色。

E. 溢色警告：当选取的颜色不是印刷颜色时即显示该图标，单击该图标，颜色转换为最为接近该颜色的印刷色。

F. 颜色色板：单击该按钮，对话框切换到印刷色，如图 2-7-3 所示。

G. 色谱条：单击色谱条可以改变色彩区域中的颜色范围。

H. 颜色十六进制：颜色的十六进制显示。

图 2-7-2 【拾色器】对话框

在【拾色器】对话框中，启用左下角的【仅限 Web 颜色】复选框，然后在拾色器中选取的任何颜色，都是 Web 安全颜色。这对于用于网页的图形绘制，能够更好地确定颜色，如图2-7-4所示。

通常来说，选择颜色最简单的方法是在【拾色器】对话框中，选择想要的基本颜色，然后在左边色彩区域中单击鼠标来选择颜色。

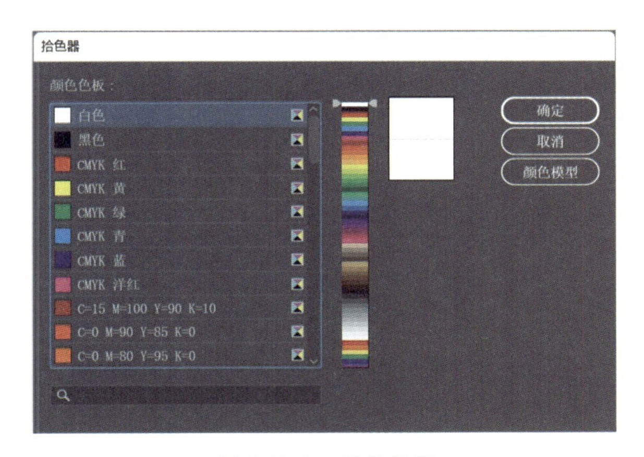

图 2-7-3 颜色色板

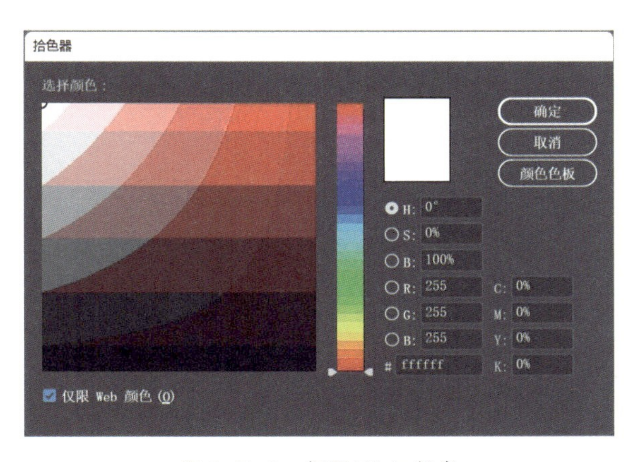

图 2-7-4 仅限 Web 颜色

当绘制的图形对象被选中时，通过双击填色色块弹出【拾色器】对话框后，选取颜色，然后单击【确定】按钮，即可改变图形对象的填充颜色，如图 2-7-5 所示。

要想改变图形对象的描边颜色，首先在工具箱中单击描边色块，其显示在填色色块上方并被启用。然后双击描边色块，弹出【拾色器】对话框，使用上述方法选取颜色，改变描边的颜色，如图 2-7-6 所示。

在填色色块下方的三个色块，由左至右分别为【颜色】、【渐变】和【无】（图 2-7-7）。当填色色块处于被启用状态时，单击【无】色块，那么选中的图形对象则会没有填充颜色；当描边色块处于被启用状态时，单击【无】色块，那么选中的图形对象则会没有描边颜色，而只显示路径（图 2-7-8）。

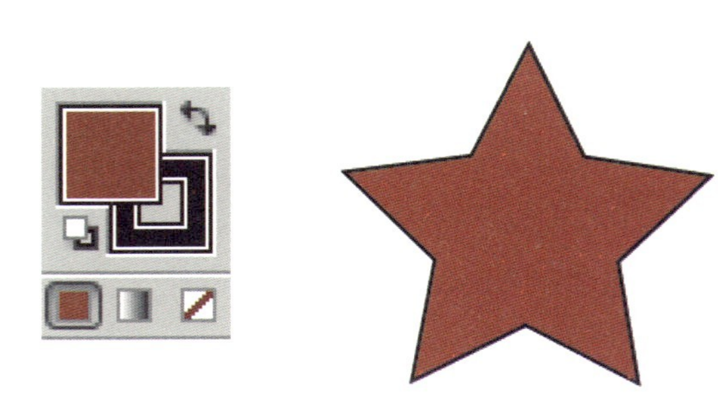

图 2-7-5 改变图形对象的填充颜色

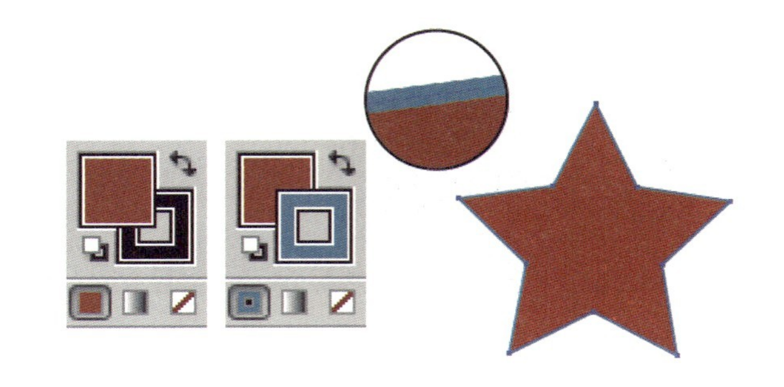

图 2-7-6 改变描边的颜色

图 2-7-7 填色色块

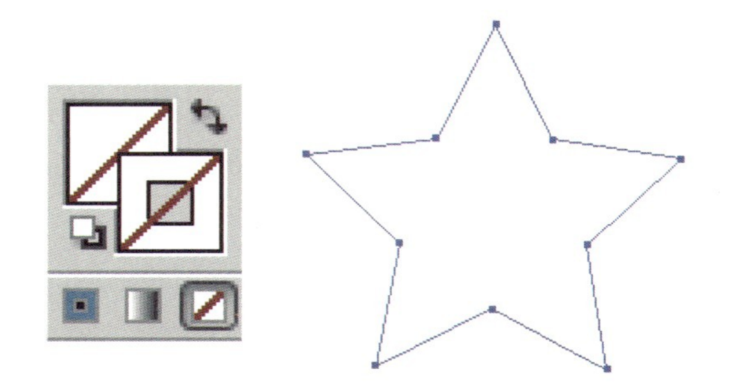

图 2-7-8 无填充和描边颜色

2.8 重新着色

重新着色是 Illustrator 软件中一个非常实用又容易被忽略的工具，使用重新着色工具可以便捷地替换图形色彩。

① 绘制色块。

在画板中随意绘制几个色块，用来模拟平时绘画时使用的色彩，如图 2-8-1 所示。

② 重新着色图稿。

选中所绘制的色块，在右侧【属性】面板中点击【重新着色】选项，如图 2-8-2 所示，弹出【重新着色图稿】对话框，如图 2-8-3 所示。重新着色方式有两种。

第一种方式，通过移动圆环中的手柄修改色彩，或者双击圆环中的手柄进行填色，可以同时修改选中的所有色彩，如图 2-8-4 所示，整体色彩被修改为另一个色系。

图 2-8-1 绘制色块

图 2-8-2 【重新着色】选项

图 2-8-3 重新着色图稿

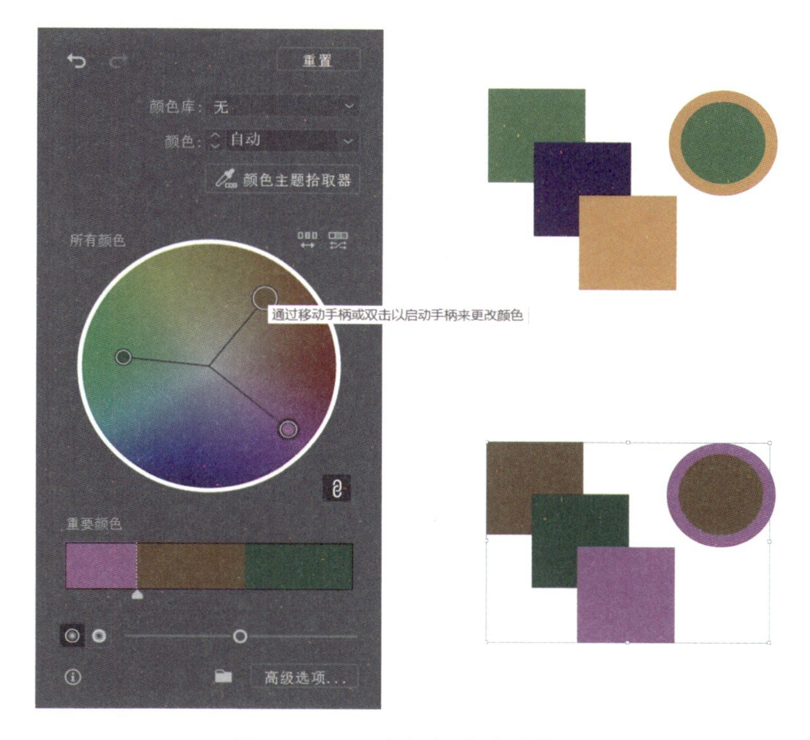

图 2-8-4 通过移动手柄色彩修改

③ 高级选项。

第二种方式是拖动色彩进行替换。

点击【重新着色图稿】对话框右下角的【高级选项】，如图2-8-5所示。在高级【重新着色图稿】对话框中会显示当前的色彩颜色，将左侧色彩拖动到右侧需要替换的色彩，如图 2-8-6 所示，即可替换图中所有相同颜色的色彩，如图 2-8-7 所示。

④ 替换完成。

通过上述两种色彩替换方式，可以将画面中的所有色彩进行统一管理与替换，这样可以提高绘制图形时替换色彩的效率。色彩替换效果如图 2-8-8 所示。

图 2-8-5　高级选项

图 2-8-6　拖动色彩

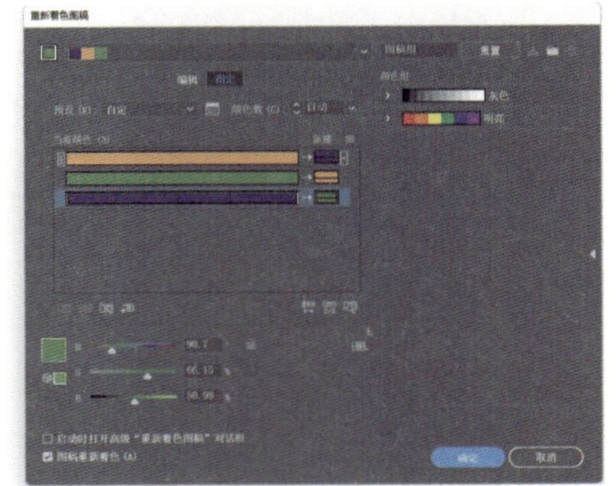

图 2-8-7　替换色彩后

图 2-8-8　多种方式的色彩替换

2.9　其他工具

2.9.1　符号工具

符号工具可创建和修改符号实例集。符号喷枪工具可以创建符号集，集内实例的密度、颜色、位置、大小、旋转、透明度和样式可以使用符号工具来更改。

符号喷枪工具（Shift+S）用于将多个符号实例作为集置入到画板上。

符号移位器工具用于移动符号实例。

符号紧缩器工具用于将符号实例移到离其他符号实例更近或更远的地方。

- 符号缩放器工具用于调整符号实例大小。
- 符号旋转器工具用于旋转符号实例。
- 符号着色器工具用于为符号实例上色。
- 符号滤色器工具用于为符号实例应用不透明度。
- 符号样式器工具用于将所选样式应用于符号实例。

如果需要绘制大量的相似图形，如花草、地图上的标记，可以先将一个基本的图形定义为符号，并保存到【符号】面板中，再通过符号工具快速创建这些图形，它们称为符号实例。所有的符号实例都链接到【符号】面板中的符号样本，当修改符号样本时，符号实例就会自动更新，非常方便。

在【符号】面板中选择一个符号，如图 2-9-1 所示，使用符号喷枪工具在画面中单击即可创建一个符号实例，如图 2-9-2 所示；如果单击一点不放，符号实例会以该点为中心向外扩散；如果单击拖曳，则符号会沿鼠标的移动轨迹分布，如图 2-9-3 所示。

使用符号喷枪工具创建的一组符号实例称为“符号组”，同一个符号组中可以包含不同的符号实例。如果要添加其他符号，可以先选择符号组，并在【符号】面板中选择另外的符号样本，再使用符号喷枪工具创建符号，如图 2-9-4、图 2-9-5 所示。

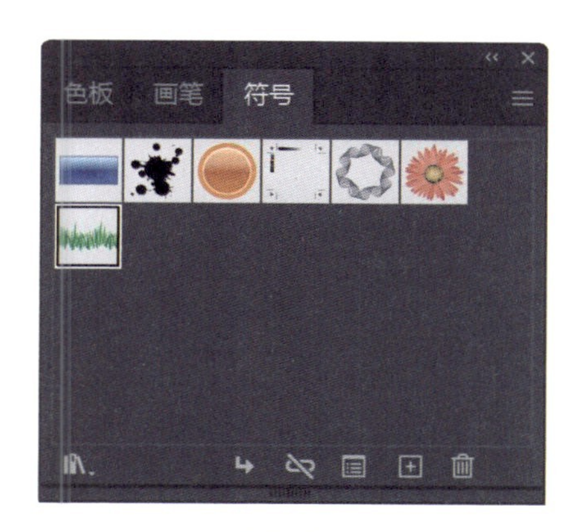

图 2-9-1
【符号】面板

图 2-9-2
创建符号实例

图 2-9-3
符号沿鼠标的移动轨迹分布

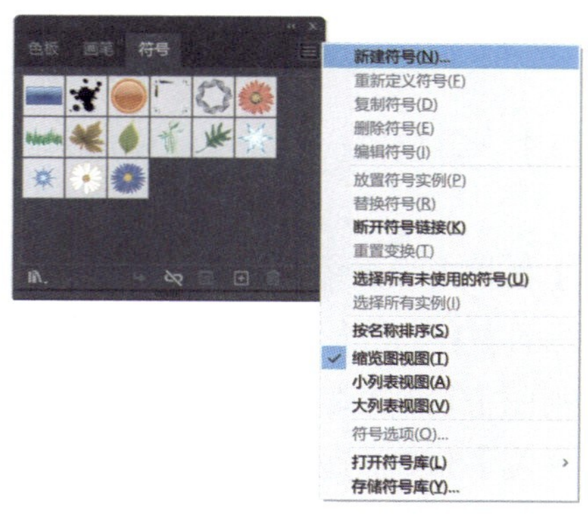

图 2-9-4　创建符号组

图 2-9-5　符号组向外扩散

2.9.2 图形工具

柱形图工具（J）创建的图表可用垂直柱形来比较数值。

堆积柱形图工具创建的图表与柱形图类似，但是它将各个柱形堆积起来，而不是互相并列。这种图表类型可用于表示部分和总体的关系。

条形图工具创建的图表与柱形图类似，但它是水平放置条形而不是垂直放置柱形。

堆积条形图工具创建的图表与堆积柱形图类似，但它是水平堆积而不是垂直堆积。

折线图工具创建的图表使用点来表示一组或多组数值，并且对每组中的点都采用不同的线段来连接。这种图表类型通常用于表示在一段时间内一个或多个主题的趋势。

面积图工具创建的图表与折线图类似，但它强调数值的整体和变化情况。

散点图工具创建的图表沿 X 轴和 Y 轴将数据点作为成对的坐标组进行绘制。散点图可用于识别数据中的图案或趋势，它们还可表示变量是否相互影响。

饼图工具可创建圆形图表，它可以表示所比较的数值的相对比例。

雷达图工具创建的图表可在某一特定时间点或特定类别上比较数值组，并以圆形格式表示。这种图表类型也称为网状图。

2.9.3 导航类工具

抓手工具用于拖动画布以使其移动，可以浏览 Illustrator 文档中的画布和画板。

打印拼贴工具。

旋转视图工具（Shift+H）可以任意角度更改画布视图。

缩放工具用于放大或缩小画板和画布的视图。

有多种方式可以放大或缩小图稿。

• 选择缩放工具，指针会变为一个中心带有加号的放大镜，单击要放大的区域的中心，或者按住 Alt 键并单击要缩小的区域的中心。每单击一次，视图便放大或缩小到上一个或下一个预设百分比。

• 选择缩放工具并在要放大的区域周围拖移鼠标。若要移动图稿，可按住空格键，拖移画板或画布以将图稿移动到合适的位置。

• 选取【视图】/【放大】或【视图】/【缩小】。每单击一次，视图便放大或缩小到上一个或下一个预设百分比。

• 在主窗口左下角的状态栏中或【导航器】面板中设置缩放级别。

• 若要以 100% 比例显示文件，可选择【视图】/【实际大小】，或者双击缩放工具。

• 若要使用所需画板填充窗口，可选择【视图】/【画板适合窗口大小】，或者双击抓手工具。

• 若要查看窗口中的所有内容，可选择【视图】/【全部适合窗口大小】。

3　菜单要点详解

3.1 【文件】菜单

（1）【新建】

创建一个文档，点击【文件】/【新建】（或按“Ctrl + N”键），画板数量为 2，画板的大小为 A4，其中出血线设定为 3 mm，颜色模式为 CMYK，光栅效果为 300 ppi，单击【创建】按钮，建立一个新的工作页面，如图 3-1-1 所示。

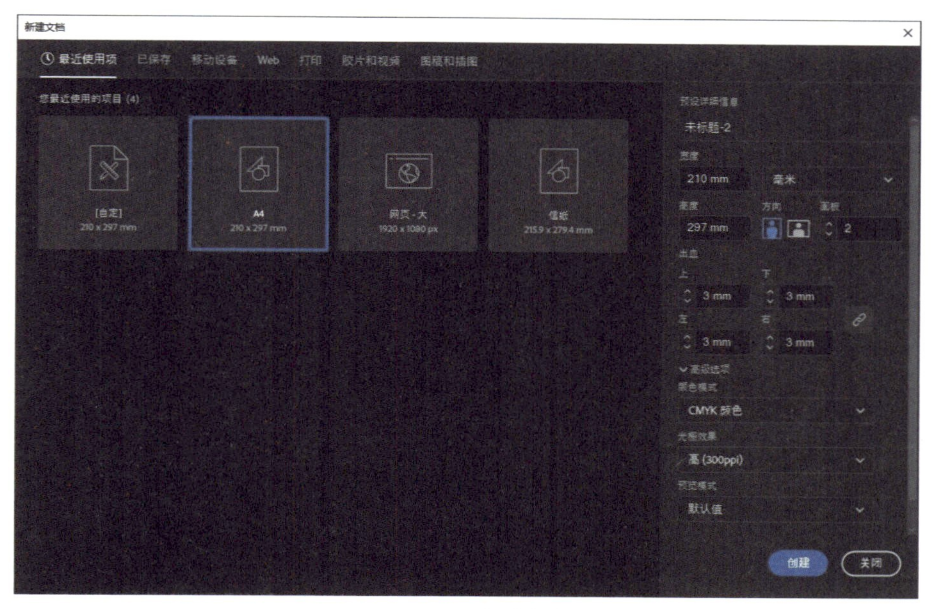

图 3-1-1　新建文档

（2）【从模板新建】

为了方便批量编辑，我们把之前设定好的尺寸规格直接以模板的形式打开。

（3）【打开】

打开一个文件，也可以通过把文件拖入界面或者双击文件的方式打开。

（4）【最近打开的文件】

为了方便找到近期编辑过的文件所设置的功能，如图 3-1-2 所示。

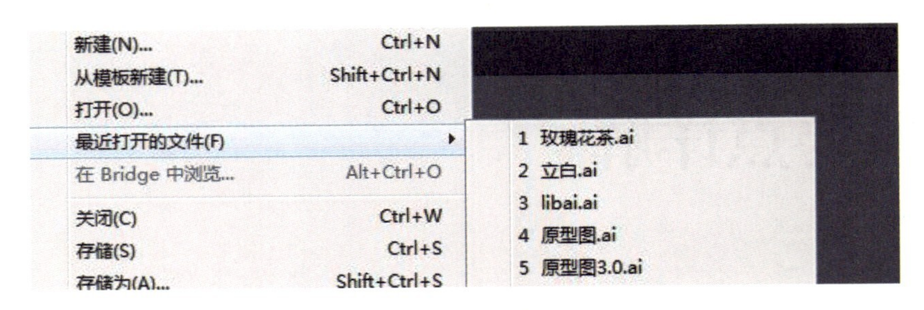

图 3-1-2　查看最近文档

（5）【在 Bridge 中浏览】

Adobe 公司的一款兼容其公司所有源文件的浏览器，这样不用打开源文件就能直接看里面的内容。

（6）【关闭】

关闭当前的文件编辑。

（7）【关闭全部】

关闭全部的文件编辑。

（8）【存储】

直接储存当前编辑的文件，不会弹出任何选项，主要用于编辑时临时存储，防止因死机导致文件丢失。

（9）【存储为】

将文件储存为不同的格式，常见的有 AI（源文件格式）、PDF（可在 PDF 浏览器中打开）、EPS（很好地兼容 PS 和 AI 两款软件的相互切换，且文件存储空间小）等，如图 3-1-3 所示。

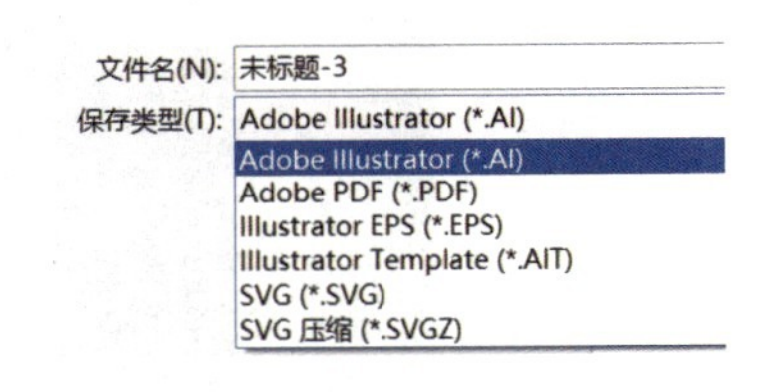

图 3-1-3　存储文件类型

（10）【存储副本】

存储副本即把当前文件另存一个备份，但还是在原文件的基础上继续编辑。它是为了储存的安全性，也就是防止在储存时，因为文件名完全相同，而覆盖了原来的文件。

（11）【存储选中的切片】

把切片储存用于后期的网页设计。

（12）【存储为模板】

将文件储存为模板方便后期快速编辑。

（13）【恢复】

将文件恢复到最原始的状态，快捷键是 F12，在没有任何操作的时候这个命令是不能点击的。按“Ctrl + Z”键可以返回上一步。

（14）【置入】

将一个新的源文件放入到当前编辑的文件中，我们也可以通过拖动的方式放置进来。

（15）【导出】

将源文件导出为多种格式，包括下列三个选项：导出为多种屏幕所用格式、导出为、存储为 Web 所用格式（旧版）。

（16）【导出所选项目】

将选中的内容导出为所需的格式，包括 PNG、JPG、SVG、PDF、OBJ 等。

（17）【打包】

收集使用过的文件，包括字体（汉语、韩语和日语除外）和链接图形，以实现轻松传送。打包文件时，将创建包含 Illustrator 文档、任何必要的字体、链接图形以及打包报告的文件夹。该报告（存储为文本文件）包含有关打包文件的信息。

（18）【脚本】

把设定好的一些动作储存为脚本，通过脚本的选择完成一次较为复杂的动作。其包括图像描摹、将文档存储为 PDF、将文档存储为 SVG、其他脚本四个选项。

（19）【文档设置】

用来改变文档的显示设置。如图 3-1-4 所示，【常规】选项中，单位、出血、视图显示、编辑画板等设置主要是为了方便后期输出及编辑的方便，透明度和叠印选项主要调节可视透明的显示模式。【文字】选项主要调节字母的位移及大小位置比例。

（20）【文档颜色模式】

改变文档的颜色显示模式，包括 CMYK 颜色模式和 RGB 颜色模式。

（21）【文件信息】

文件的格式信息。

（22）【打印】

把文件打印出来。

（23）【退出】

关闭软件。

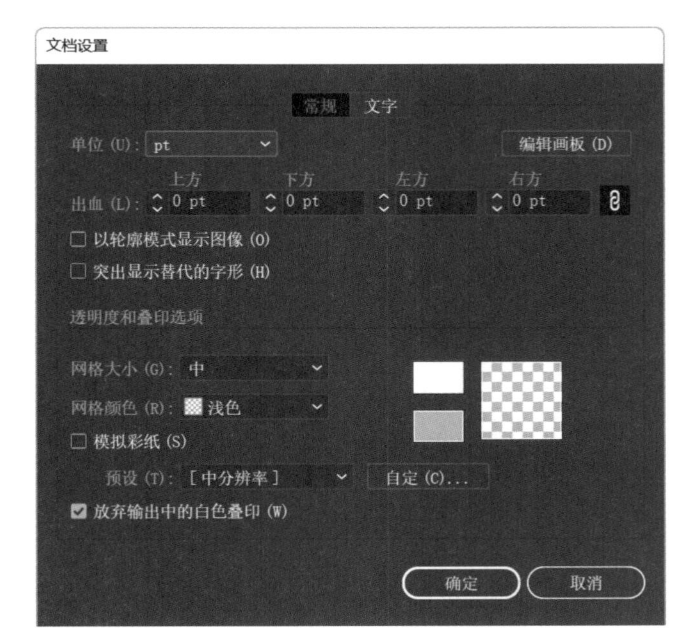

图 3-1-4　文档设置

3.2 【编辑】菜单

（1）【还原】

返回上一步操作，常用的操作之一。

（2）【重做】

切换到还原前的操作，常用的操作之一。

（3）【剪切】

把选中的对象删除，但可以通过粘贴命令重新放置进来。

（4）【复制】

把对象复制一次，为粘贴做准备。

（5）【粘贴】

把之前剪切或者复制的内容重新放置进来。

（6）【贴在前面】

把复制或剪切的对象粘贴到画面元素的最前方。

（7）【贴在后面】

把复制或剪切的对象粘贴到画面元素的最后方。

（8）【就地粘贴】

把复制或剪切的对象粘贴到复制或剪切对象的原始位置上。

（9）【在所有画板上粘贴】

把复制或剪切的对象粘贴到已有的画板上面。

（10）【粘贴时不包含格式】

从一个文档复制文本，然后在不保留源格式的情况下将其粘贴到另一个文档中。

（11）【清除】

删除被选择的对象。

（12）【查找和替换】

在文字的情况下找到想选择的字符或者替换文字。

（13）【查找下一个】

查找下一个文字字符。

（14）【拼写检查】

检查字符的拼写是否正确。

（15）【编辑自定词典】

将单词添加到词典中，或是从词典中删除单词，或是修改词典中的单词，便于对一些用词的编辑。

（16）【编辑颜色】

改变所选对象的颜色属性，有多种选项，如图 3-2-1 所示。

（17）【编辑原稿】

编辑置入到当前文件的原始文件对象。

（18）【透明度拼合器预设】

用来将矢量图栅格化成为位图的设定，其中包括了四个不同层次的栅格效果，如图3-2-2所示。

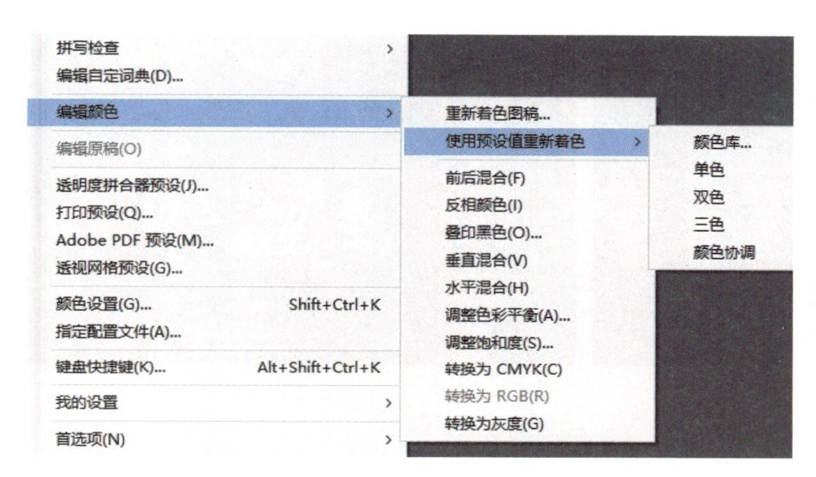

图 3-2-1　【编辑颜色】选项

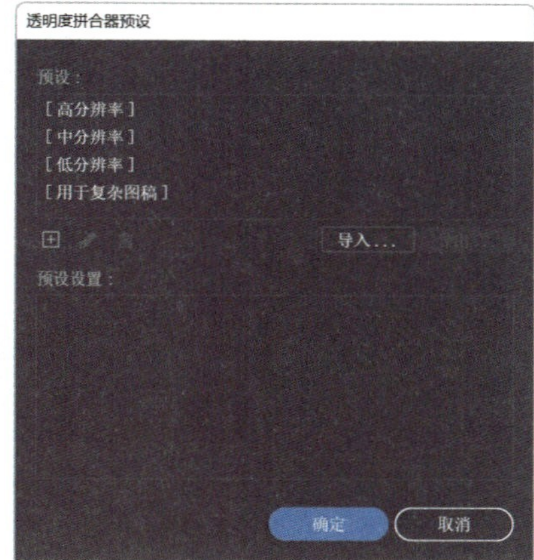

图 3-2-2　【透明度拼合器预设】选项

（19）【打印预设】

打印前各参数的设定。

（20）【Adobe PDF 预设】

将 AI 文件导成 Adobe PDF 文件格式的设置定义。

（21）【透视网格预设】

网格的显示格式设置。

（22）【颜色设置】

设置软件的颜色显示及配色方案。

（23）【指定配置文件】

配置指定的文字方案。

（24）【键盘快捷键】

更改键盘的快捷键设定。

（25）【我的设置】

其中包括导出设置和导入设置。

（26）【首选项】

改变软件的各个设定，主要涉及界面以及文件处理方式，我们一般为了让电脑更快速地处理程序，通常把暂存盘设定出来。如图 3-2-3 所示，暂存盘设定为 C 盘和 F 盘，假设 C 盘为系统盘，没有装除系统外任何的软件程序，而 F 盘空间也高于 D 盘、E 盘，所以设定 C 盘、F 盘为缓存盘，其他的选项基本默认系统设定就可以。也可以根据自己的需要调整，如参考线和网格的颜色等。

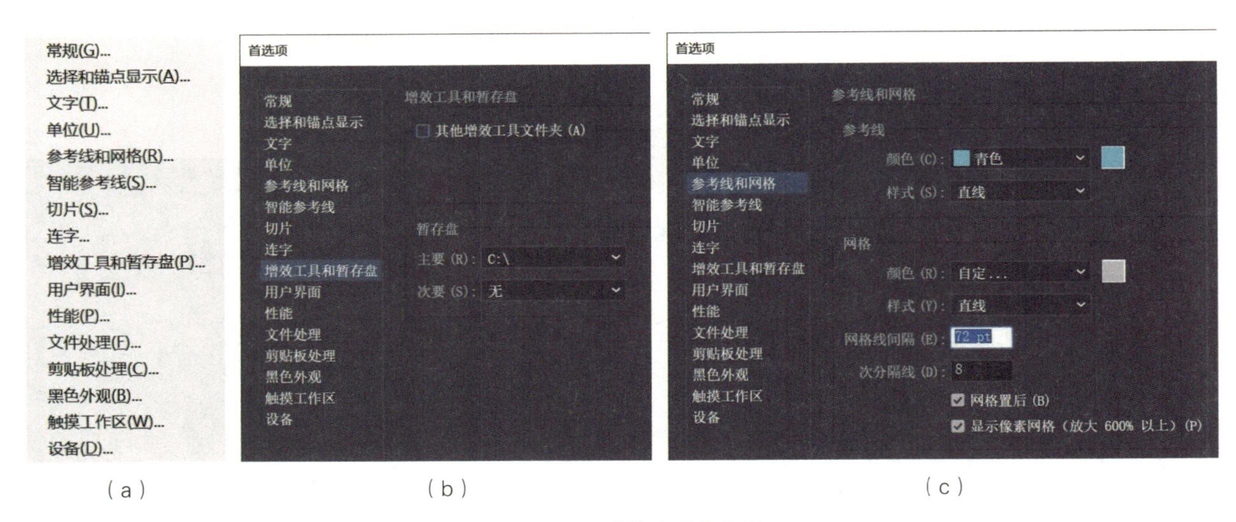

图 3-2-3 【首选项】设置

3.3 【对象】菜单

（1）【变换】

调整对象的方向、大小、位置等，这里我们常用的命令是【再次变换】，它会重复上个步骤，例如，要有规律地复制某物体，只需要先选中对象执行【移动】/【复制】/【粘贴】命令，剩下的操作就重复按“Ctrl + D”键即可，如图 3-3-1、图 3-3-2 所示。

（2）【排列】

调整对象的前后位置关系，记住快捷键可快速调整对象的前后位置，如图 3-3-3 所示。

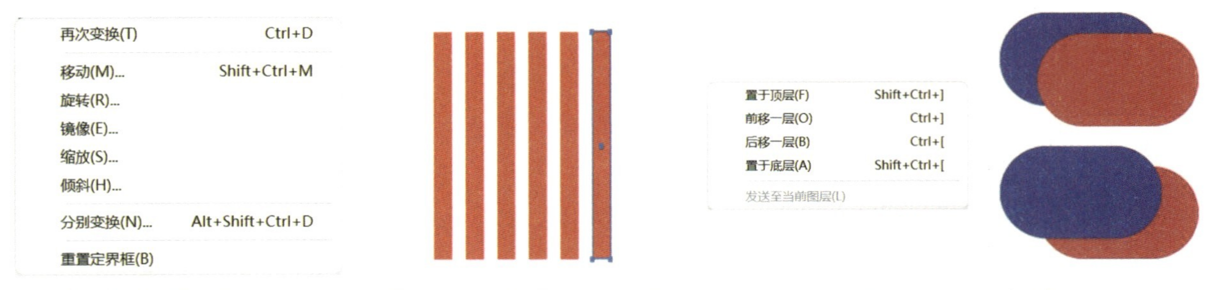

图 3-3-1 再次变换命令　　图 3-3-2 重复上一步动作　　图 3-3-3 排列对象

（3）【对齐】

沿指定的轴对齐所选对象。可以使用对象边缘或锚点作为参考点，并且可以对齐所选对象、画板或关键对象。关键对象指的是选择的多个对象中的某个特定对象。对齐方式包括水平左对齐、水平居中对齐、水平右对齐、垂直顶对齐、垂直居中对齐、垂直底对齐。

（4）【编组】

把两个或者两个以上的对象进行组合，框选需要编组的对象，单击鼠标右键，可打开此命令，如图 3–3–4 所示。

（5）【取消编组】

取消对象之间的编组关系。

（6）【锁定】

锁定对象，使对象无法进行编辑。

（7）【全部解锁】

解除画面中所有的锁定对象。

（8）【隐藏】

隐藏对象。

（9）【显示全部】

把所有已隐藏对象全部显示出来。

（10）【扩展】

把对象转化成路径的形式，便于编辑或者后期修饰。如图 3–3–5 所示，文字经过【扩展】后成了路径，通过直接选择工具根据自己的需要来选取节点移动位置从而改变造型。渐变的色块也可以扩展，我们可以根据自己的需要改变扩展的方式，通过扩展后的对象都具有很强的造型改变力，从而满足艺术加工的要求。

（11）【扩展外观】

把对象用填充以及描边的方式转换。

（12）【裁剪图像】

裁切链接或嵌入的图像，图像被裁切的部分会被丢弃并且不可恢复。

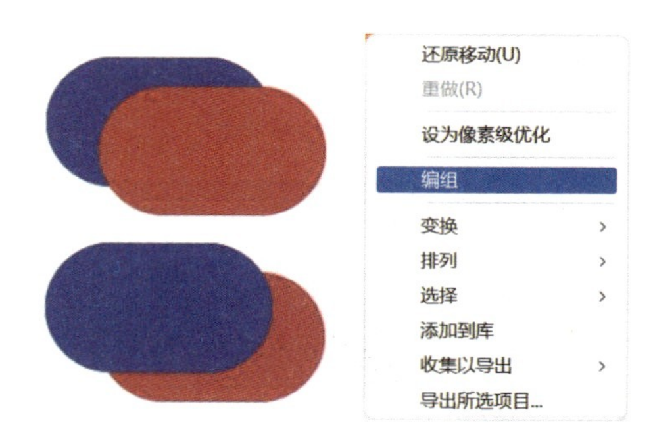

图 3–3–4 【编组】命令

图 3–3–5 【扩展】选项

（13）【栅格化】

将矢量图形转换成位图格式。

（14）【创建渐变网格】

将所选对象创建成渐变网格，一般用于细节刻画。通过直接选择工具还可对网格中的节点做局部色彩及造型编辑，如图 3-3-6 所示。

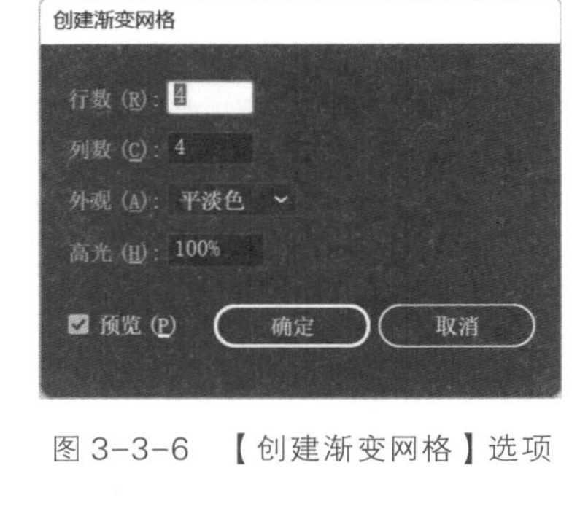

图 3-3-6 【创建渐变网格】选项

（15）【创建对象马赛克】

对位图对象进行马赛克的网格处理，如图 3-3-7 所示。

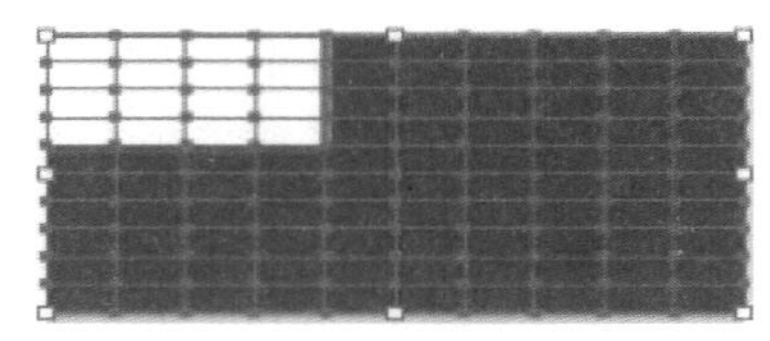
图 3-3-7 创建对象马赛克

（16）【创建裁切标记】

文件输出为成品后需要裁剪的辅助标记。

（17）【拼合透明度】

在印刷时将具有透明度的对象转换成印刷色的动作。如图 3-3-8 所示，Y100 填充至一个矩形区域，然后再将它的不透明度改为 50%，此时，它的色彩数值依然是 Y100，但是如果你对此区域进行【拼合透明度】，那么它的色彩数值就是 Y50 了，此方法可以用于一些带透明度的专色转成四色印刷时用。

（18）【设为像素级优化】

将图稿与像素网格无缝对齐，可以创建像素级优化的图稿。像素对齐适用于对象及其包含的单个路径段和锚点。

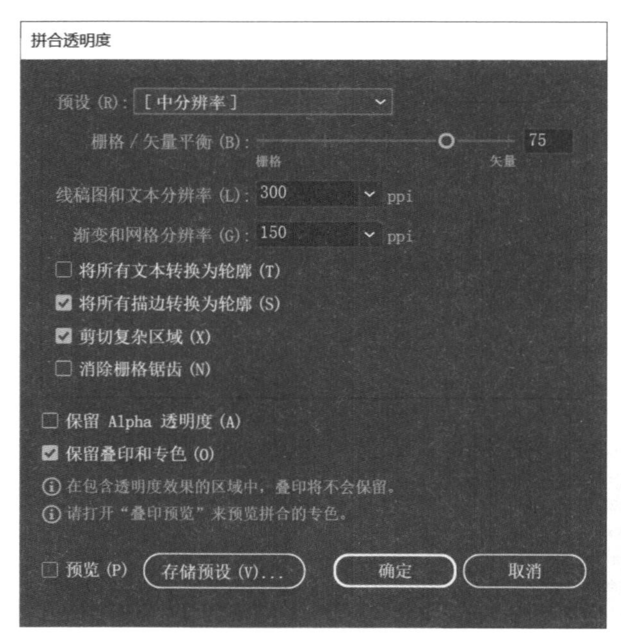

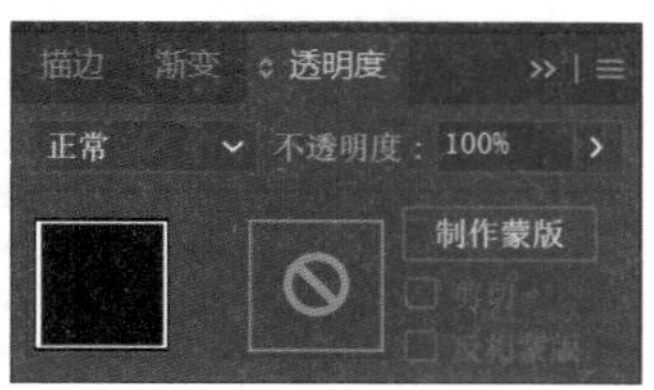

图 3-3-8 【拼合透明度】选项设置

（19）【切片】

用于创建对象的切片区域，切片后的图片多用于网页设计或网页链接，如图 3-3-9 所示。

图 3-3-9 【切片】设置

（20）【路径】

调整路径与路径之间的连接、位移、切割等涉及改变状态的命令，如图 3-3-10 所示。

（21）【形状】

可以方便地改变对象的形状，而且它还不会永久改变对象的基本几何形状。效果是实时的，可以随时修改或删除效果。

（22）【图案】

自定现有图案以及使用 Illustrator 工具设计图案，可以方便地创建和修改图案。要想达到最佳结果，应将填充图案用来填充对象，而画笔图案则用来绘制对象轮廓。

（23）【重复】

以径向、网格、镜像的方式快速地重复对象，以创建对象的副本。

（24）【混合】

一般用于两个闭合路径的造型或者颜色的过渡转变。如图 3-3-11 所示，有两个颜色造型各不同的对象，我们通过建立【混合选项】来查看效果。实际上在工具栏也可以找到混合工具来代替使用。

（25）【封套扭曲】

对路径对象实行造型上的规律变化。

（26）【透视】

给对象添加透视效果。

（27）【实时上色】

给封闭的路径快速添加颜色。

（28）【图像描摹】

通过选项把位图转换成矢量图，可以通过调节参数来决定描摹的精细度。如图 3-3-12 所示，通过调整参数值把位图描摹成矢量图，用于后期局部编辑。

图 3-3-10 【路径】设置

图 3-3-11 【混合选项】设置

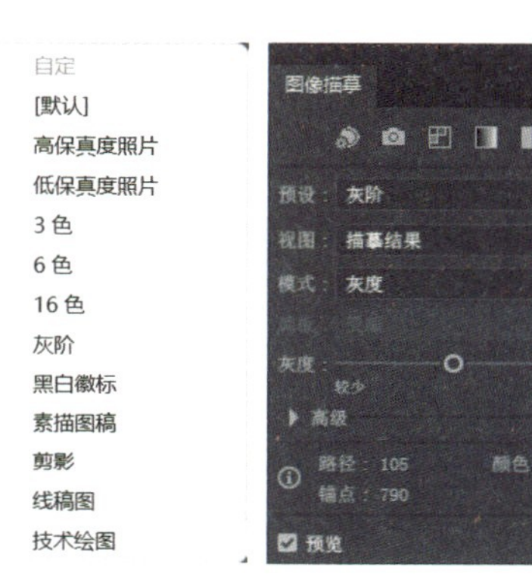

图 3-3-12 【图像描摹】设置

（29）【文本绕排】

围绕路径或图片进行的文字编排命令。

（30）【剪切蒙版】

由两个对象建立，以排列在上面的对象为主，建立一个以上方对象为造型，下方对象为效果的新对象。如利用矩形工具建立一块带有花纹的区域，如想让花纹的区域只显示一块正圆的造型，可用椭圆工具建立一个正圆，颜色自定，一定要使正圆在花纹对象之上，然后用选择工具框选这两个对象，点击鼠标右键，选择【建立剪切蒙版】即可，如图 3-3-13 至图 3-3-16 所示。

图 3-3-13　创建矩形花纹范围　　图 3-3-14　绘制圆形区域

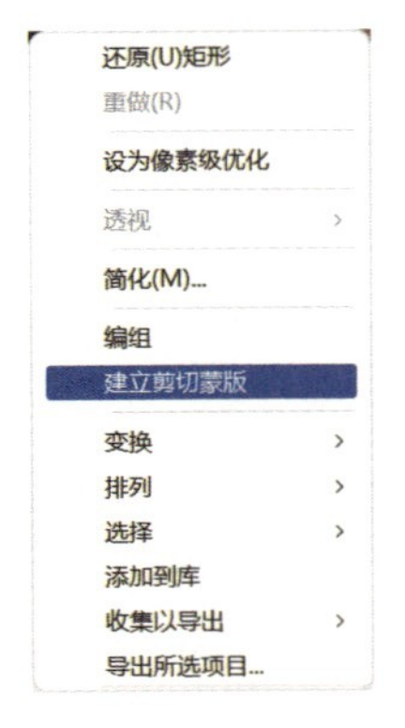

图 3-3-15　建立剪切蒙版

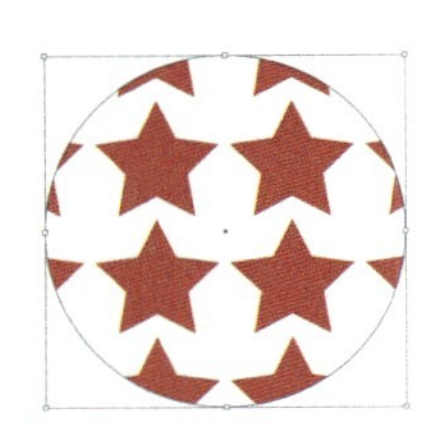

图 3-3-16　得到效果

（31）【复合路径】

类似于【路径查找器】中的排除效果，可将多个对象以差值的形式表现出来。

（32）【画板】

将矩形的路径建立成一个画板。

（33）【图表】

图表的设置命令。

（34）【收集以导出】

收集资源并将其导出为多种文件类型和大小，可选择将对象作为单个资源或多个资源导出。【资源导出】面板显示从图稿收集的资源。

3.4 【文字】菜单

（1）【字体】

选择字体类型的命令，如黑体、宋体、微软雅黑、楷体等都是较为常用的字体。

（2）【最近使用的字体】

查看最近常用的字体。

（3）【大小】

设置字符的大小，常用的有 9 pt、12 pt 字体。9 pt 一般为书籍的阅读字符大小，12 pt 则为标题字符大小，当然如果开本比较大的话也可以用 12 pt 字符作为阅读字符大小。

（4）【字形】

字的造型预览。

（5）【区域文字选项】

对用文字工具拖选出来的文字区域进行设定的命令。

（6）【路径文字】

路径文字是改变文字在路径上排列方式的选项，如图 3-4-1 所示，通过绘制一条路径后，用文字工具单击路径然后输入文字，这个时候文字就会按照绘制的路径有序地排列出来，我们可以通过【路径文字】来改变它的排列方式。

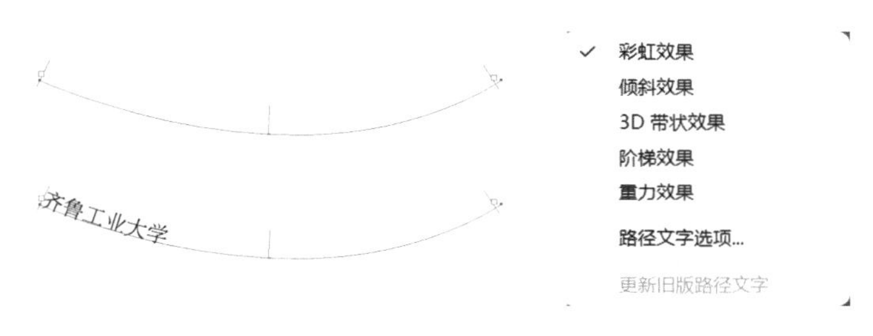

图 3-4-1　【路径文字】效果

（7）【复合字体】

复合字体，主要是排版使用，其主要作用是把系统中安装的字体混合在一起，产生一款自己命名的字体。例如，在排版时，一段文字中既有中文又有英文、数字等，需要把中文用成“黑体”，数字用成“Arial”体，英文用成“Black”体，这时就需要用复合字体功能，自己创建一个字体。创建好这个字体后，当给一段文字应用所创建的字体时，这段文字中的中文、英文、数字会自动变成相对应的字体。当然大部分的 Illustrator 软件主要不是处理文字功能，如果想要更加快捷的话可以转到 Adobe InDesign 软件中编辑。

（8）【避头尾法则设置】

常用于文字的编排。

（9）【标点挤压设置】

对标点的占用进行设置。

（10）【串接文本】

对两个以上的文字块进行串接。

（11）【适合标题】

自动调整标题文字大小。

（12）【查找 / 替换字体】

查找 / 替换需要的字体。

（13）【更改大小写】

改变字母的大写、小写规律。

（14）【智能标点】

标点智能化处理。

（15）【创建轮廓】

如图 3-4-2 所示，将可编辑文字内容的工作方式转化成图形，虽然不能再进行内容编辑，但可以对它进行局部造型编辑，比较适用于做美术字。

（16）【视觉边距对齐方式】

细微调整字符边距的对齐，让视觉看起来更加整齐。如图 3-4-3 所示，调整前和调整后“的”的位置更加靠近边距线了，这样看起来视觉效果就更加整齐。

图 3-4-2　文字创建轮廓

图 3-4-3　视觉边距对齐效果

（17）【项目符号和编号】

对文本应用项目符号或编号。应用项目符号时，每个段落的开头都有一个项目符号字符。应用编号时，每个段落开头采用的表达方式包括一个数字或字母和一个分隔符。这两种方式可帮助用户在有序和无序形式的文本中识别关键点。

（18）【插入特殊字符】

使用文字工具在所需位置插入特殊字符。

（19）【插入空白字符】

使用文字工具在所需位置插入空白字符。

（20）【插入分隔符】

使用文字工具在所需位置插入分隔符，开始新的一行。

（21）【用占位符文本填充】

使用占位符文本填充文字对象可帮助用户更好地可视化设计。现在，Illustrator 默认情况下会自动用占位符文本填充使用文字工具创建的新对象。占位符文本将保留对之前的文字对象所应用的字体和大小。

（22）【显示隐藏字符】

把隐藏的字符显示出来或把显示的字符隐藏起来。

（23）【文字方向】

调整文字为水平或者垂直的排列方向，如图 3-4-4 所示。

（24）【旧版文本】

在 Adobe Illustrator 10 或更早版本中创建的文字对象，必须在新版本中更新后，方可进行编辑。尚未更新的文本称为旧版文本。用户可以查看、移动和打印旧版文本，但是无法对其进行编辑。进行更新后，可以访问 Adobe Illustrator 2022 版本中的所有文本功能，如段落和字符样式、视觉字距微调和完整的 OpenType 字体支持。更新旧版文本后，排版可能会发生改变，但是可以修改，也可以用原文件进行参考。

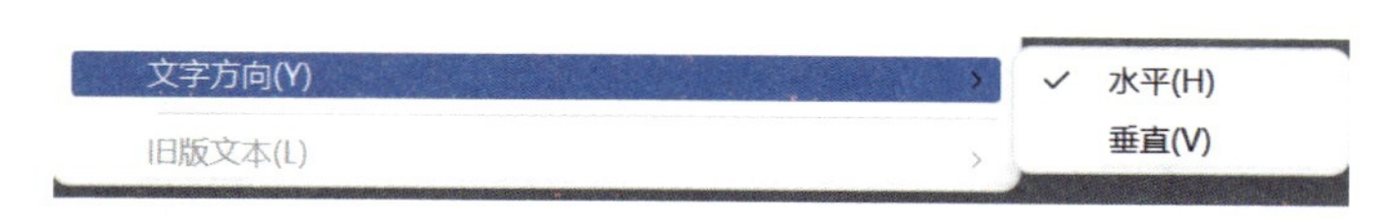

图 3-4-4 调整文字方向

3.5 【选择】菜单

（1）【全部】

选择所有可选对象。

（2）【现用画板上的全部对象】

选择画板上的可选对象。

（3）【取消选择】

取消已经选择的对象。

（4）【重新选择】

类似于返回上一步操作。

（5）【反向】

选择除选取对象的其他对象。

（6）【上方的下一个对象】

以当前选择对象为准，来选择该对象上一个对象的操作，快捷键为“Alt+Ctrl+]”。

（7）【下方的下一个对象】

以当前选择对象为准，来选择该对象下一个对象的操作，快捷键为“Alt+Ctrl+[”。

（8）【相同】

选择画面中属性相似的对象。相似属性包括外观、外观属性、混合模式、填色和描边、填充颜色、不透明度、描边颜色、描边粗细、图形样式、符号实例等内容。如图3-5-1所示，画面中有4个对象，每一个对象中都有彼此相同的属性，但绝非完全一样，可以通过【相同】选项的子菜单栏来选定，或者判断画面中的对象属性是否相同。如选择【描边颜色】，我们可以看到描边颜色一致的对象被选择出来了。

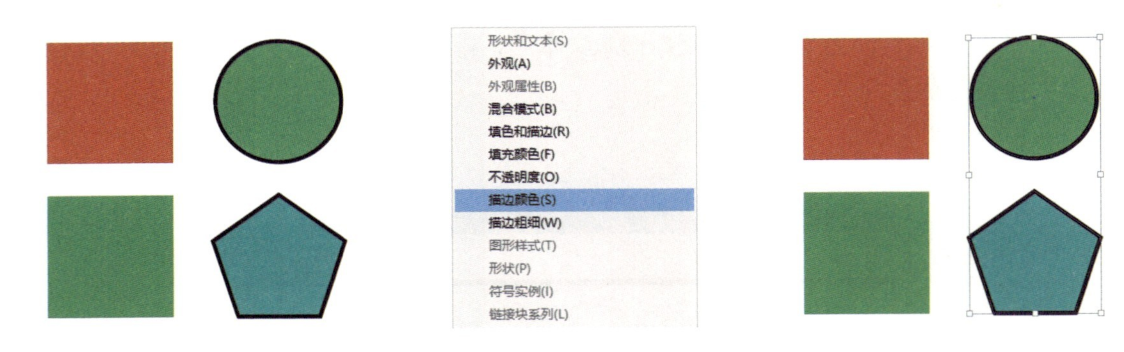

图 3-5-1　描边颜色相同

（9）【对象】

选择对象中相同的属性，其中包括毛刷画笔描边、剪切蒙版、文本对象等内容。

（10）【启动全局编辑】

启动全局编辑功能可识别类似的矢量形状，实现一次性同时编辑。按住 Shift 键并点击，可取消选择任何不想编辑的对象。只需要编辑一个对象，所做编辑会应用到所有选中的相似对象。

（11）【存储所选对象】

存储所选对象用于后期编辑。

（12）【编辑所选对象】

编辑之前存储的对象。

3.6 【效果】菜单

（1）【应用上一个效果】

在选择的对象上直接应用上一次操作的效果，不再显示对话框。

（2）【上一个效果】

在选择的对象上复制上一次操作的效果，有对话框出现，可以设置相关参数。

（3）【文档栅格效果设置】

将矢量图形转换成位图，如图 3-6-1 所示。

（4）【3D 和材质】

可以将对象立体化，这不仅体现在文字上面，我们还可以通过对称的形式画出一些简单的器皿造型。如瓶子，首先利用钢笔工具绘制瓶子的半边造型，然后选择【3D 和材质】效果中的【绕转】命令，最后确定造型，选择【扩展外观】命令，如图 3-6-2 至图 3-6-4 所示。

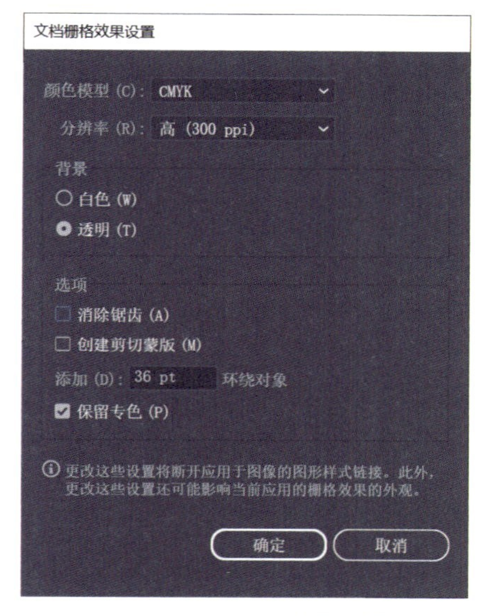

图 3-6-1 栅格设置选项

图 3-6-2 绘制造型

图 3-6-3 设置 3D 效果

图 3-6-4 扩展外观

（5）【SVG 滤镜】

SVG 滤镜用来向形状和文本添加特殊的效果，如图 3-6-5、图 3-6-6 所示。

（6）【变形】

利用变形效果可以轻松地做出各种扭曲造型，非常适用于标志设计，如图3-6-7、图3-6-8所示。

图 3-6-6　SVG 滤镜不同选项的效果

图 3-6-5　SVG 滤镜选项

图 3-6-7　【变形】选项

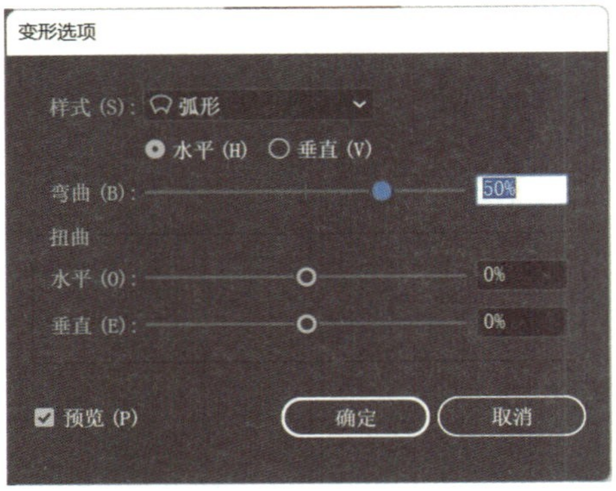

图 3-6-8　变形参数设置

（7）【扭曲和变换】

同样有变形类似的功能，但它主要偏向于随机性的产生，其包含的命令如图 3-6-9 所示。

（8）【栅格化】

将对象转换成位图的设置。

（9）【裁剪标记】

选择裁剪选项会对选择的对象智能生成裁剪的标记，如图 3-6-10 所示。

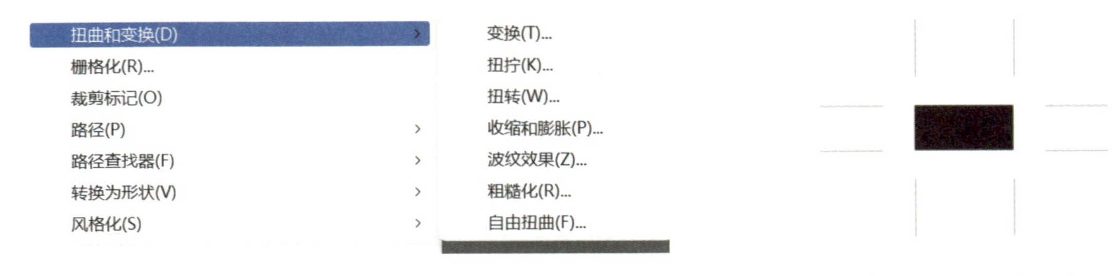

图 3-6-9　【扭曲和变换】选项

图 3-6-10　裁剪标记

（10）【路径】

对路径的效果进行改变的工具，如图 3-6-11 所示。

（11）【路径查找器】

打开【路径查找器】面板，形状模式有四种：第一种是以上方的对象为标准将两个对象合成为一个对象，第二种是减去顶部对象的造型，第三种是保留两个对象相交的造型，第四种是排除交集的部分。而路径查找器的工作模式则是利用路径之间的交会来进行修改，如图 3-6-12 至图 3-6-22 所示。

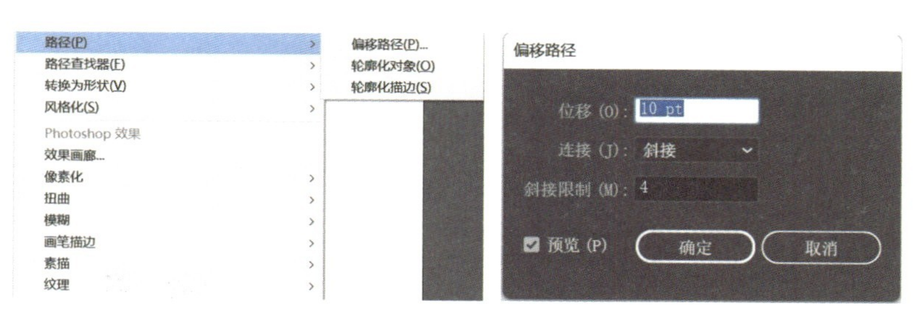

图 3-6-11　路径设置

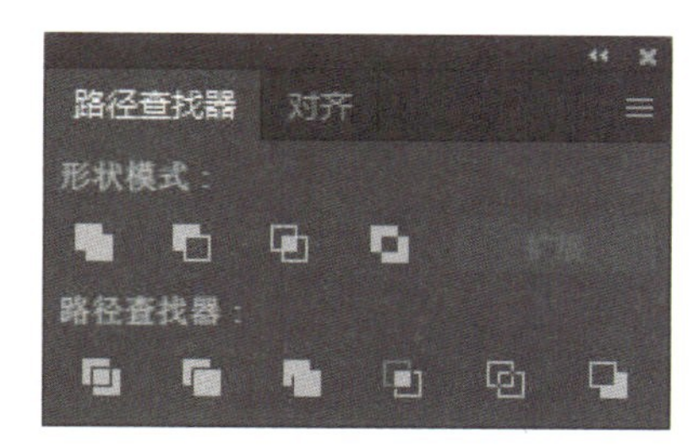

图 3-6-12　路径查找器

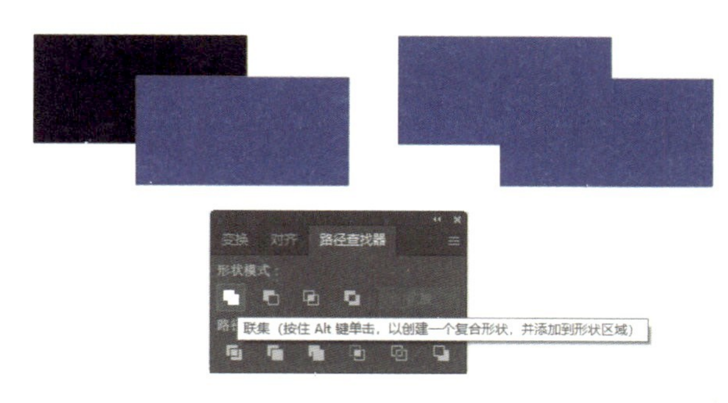

图 3-6-13　路径联集

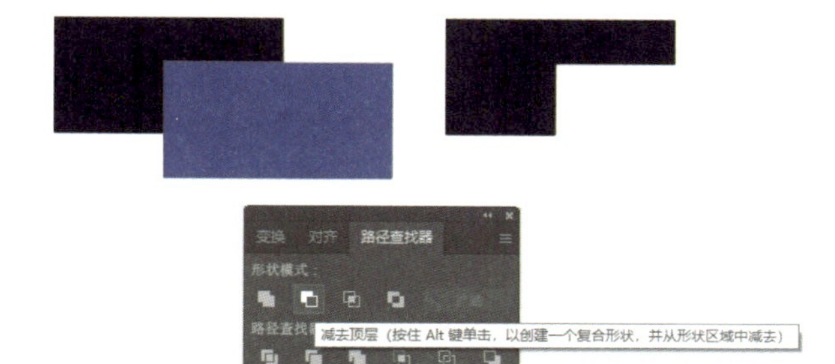

图 3-6-14　路径减去顶层

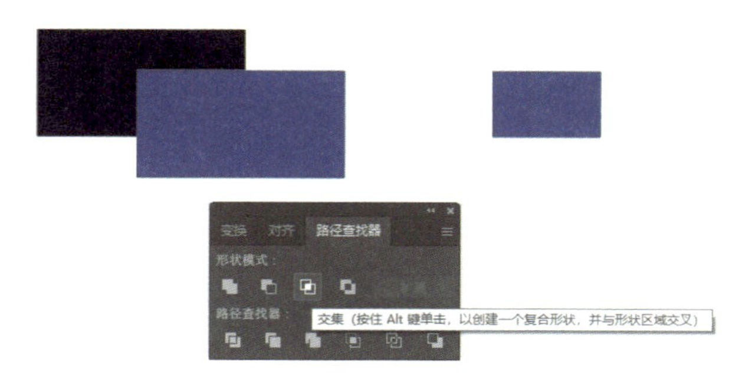

图 3-6-15　路径交集

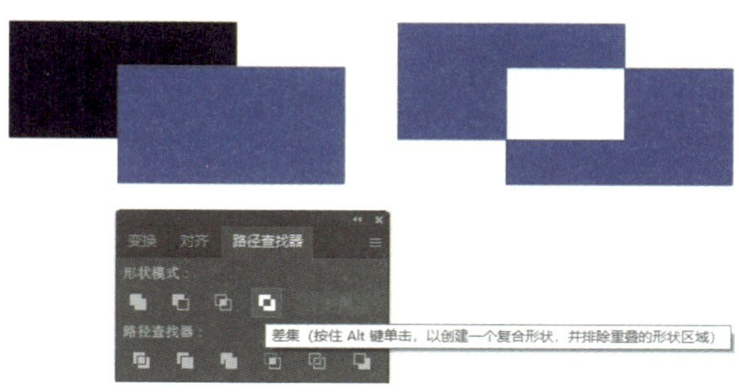

图 3-6-16　路径差集

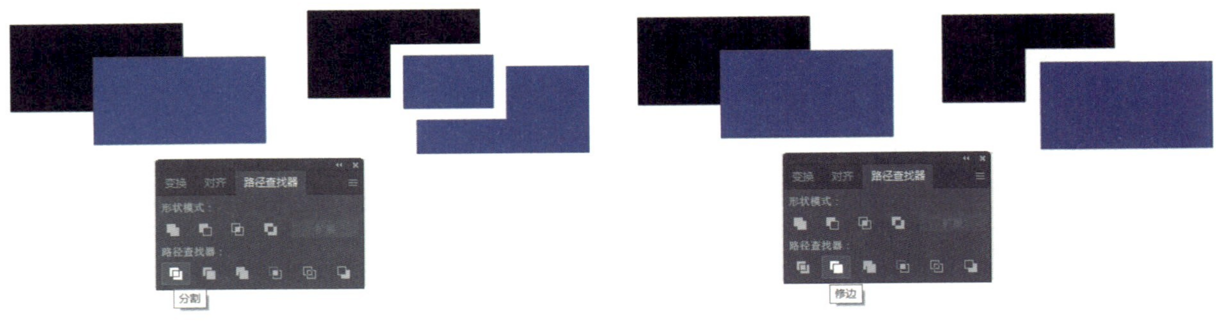

图 3-6-17　路径分割　　　　图 3-6-18　路径修边

图 3-6-19　路径合并　　　　图 3-6-20　路径裁剪

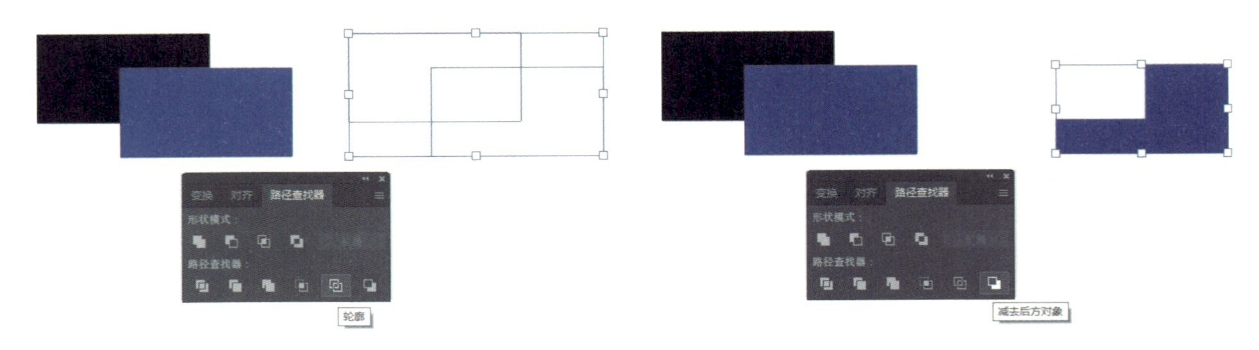

图 3-6-21　路径轮廓显示　　　　图 3-6-22　路径减去后方对象

（12）【转换为形状】

将对象转换为图像形状，包括矩形、圆角矩形、椭圆三种形状。

（13）【风格化】

附属的对象效果，如图 3-6-23 所示。

（14）【Photoshop 效果】

Photoshop 的滤镜库特效，和 Photoshop 软件的效果一致，如图 3-6-24 至图 3-6-31 所示。

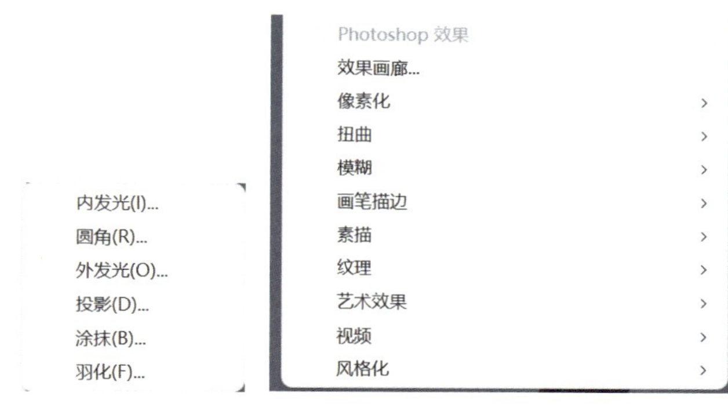

图 3-6-23 风格化选项 图 3-6-24 Photoshop 效果选项

图 3-6-25 效果画廊

图 3-6-26 扭曲

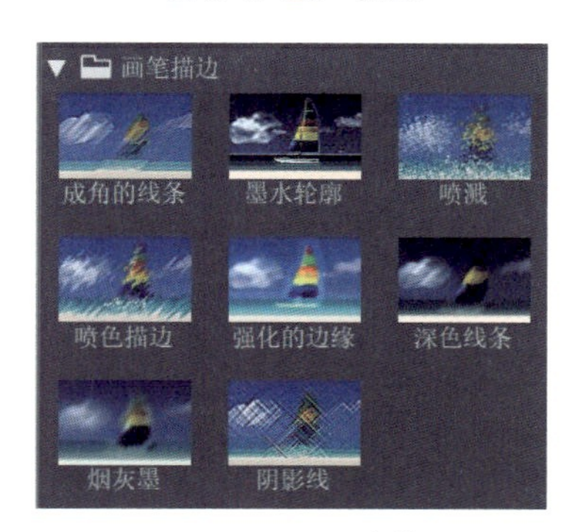

图 3-6-27 画笔描边

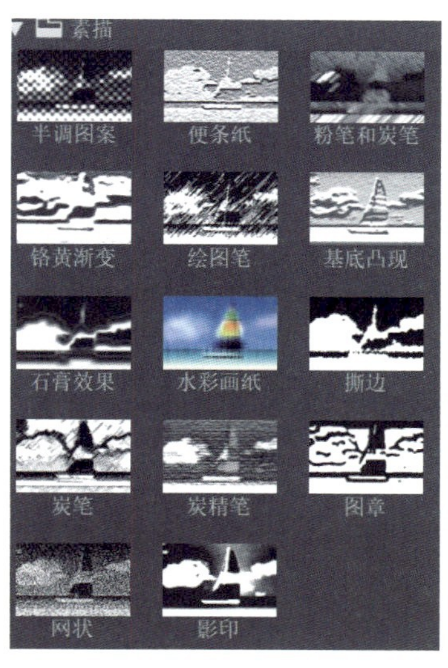

图 3-6-28 素描

图 3-6-29 艺术效果

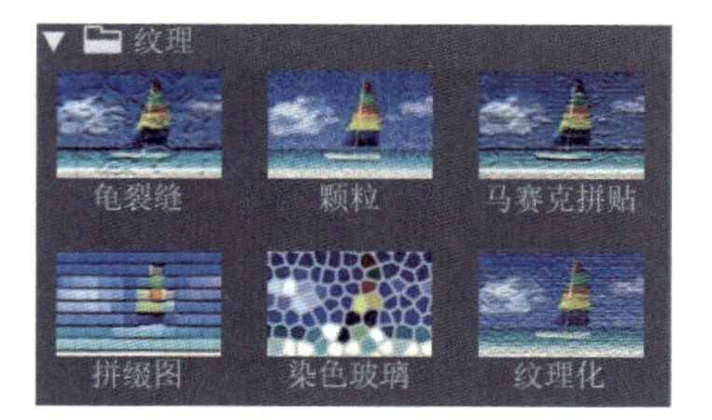

图 3-6-30 纹理

图 3-6-31 风格化

3.7 【视图】菜单

视图窗口和整个操作界面有直接的联系，基本上分为两种命令，一种是显示 ×××，另一种则是隐藏 ×××，基本上可以归纳到辅助的区域，如图 3-7-1 所示。

3.8 【窗口】菜单

窗口菜单栏主要作用是便捷地打开自己适用的工具组，如果需要可以勾选显示，不需要则点击取消勾选即可，如图 3-8-1 所示。

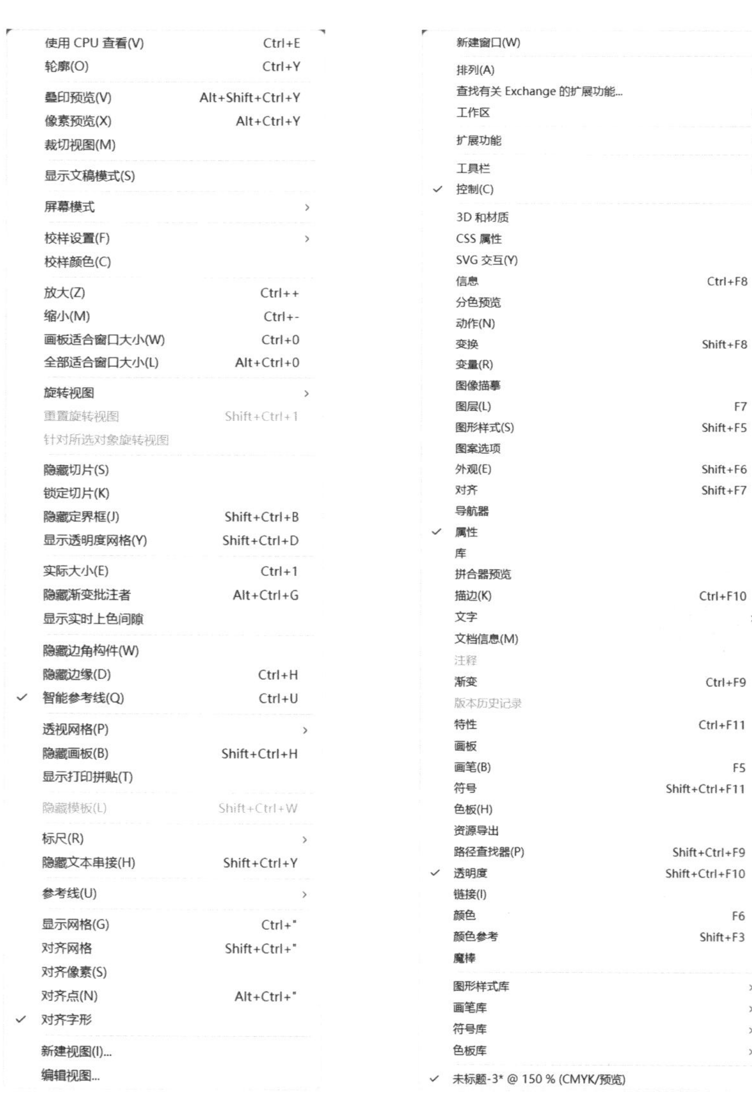

图 3-7-1 【视图】菜单

图 3-8-1 【窗口】菜单

3.9 路径、蒙版和图层

3.9.1 路径

路径是 Illustrator 中进行图像绘制的主要载体。在创作时，一般都是通过路径来进行绘制的。路径是矢量的，可以非常方便地进行绘制和编辑，路径和图形之间可以互相转化。

（1）路径的概念

在 Illustrator 中路径是一个非常重要的概念，一般认为路径就是基于贝塞尔曲线的线条，作为对象的外轮廓。路径一般分为闭合路径和开放路径两种。路径可以用钢笔工具、画笔工具等绘制，也可以由某些对象转化而来。路径一般通过锚点和位于锚点两侧的方向线来进行调整。

（2）路径的产生

最常见的是绘制路径。用钢笔工具、画笔工具、形状工具等都可以绘制路径，如图 3-9-1、图3-9-2所示。其他方式也可以产生路径，如通过对象的形状转化产生路径。文字对象可以通过【创建轮廓】命令，使文字的边缘转化为路径，如图 3-9-3、图 3-9-4 所示。

图 3-9-1　以钢笔工具绘制路径

图 3-9-2　以矩形工具绘制路径

图 3-9-3　运用【创建轮廓】命令转化

路径

图 3-9-4　将文字转化为路径

（3）绘制路径的注意事项

在使用钢笔工具进行绘制时，可以选择【填充路径】和【不填充路径】两种方式。选择【填充路径】，则路径所包含的区域会被填色，反之则不填色。路径本身也可以选择【填色】和【无颜色填充】，以上选项都可以由工具箱最下方的【拾色器】来控制，如图 3-9-5 所示，图中的蓝色细线仅表示路径位置和形状。路径的粗细、比例、样式、透明度等可以由属性栏中的选项来控制，如图 3-9-6 所示。

（4）路径的编辑

① 连接。

用直接选择工具选取两条不封闭路径的两个端点，执行【对象】/【路径】/【连接】命令，会在这两个端点间连一条直线，两条不封闭的路径就连接成了一条不封闭的路径。当选取一条不封闭路径的两个端点时，应用此命令后，会形成一条封闭路径。

② 平均。

【对象】/【路径】/【平均】命令是针对锚点而言的，但它不限于端点。凡是锚点，不管是在一条路径上的锚点，还是在不同路径上的锚点，只要选上就行。

【平均】对话框共有三个选项，如图 3-9-7 所示。

• 水平：它可把所选的锚点置于同一水平线上。

• 垂直：它可把所选的锚点置于同一垂直线上。

• 两者兼有：它可把所选的锚点相交于一点。

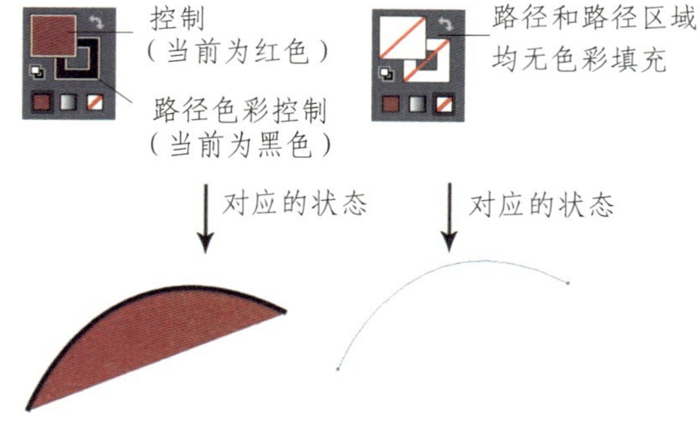

图 3-9-5　不同状态的路径

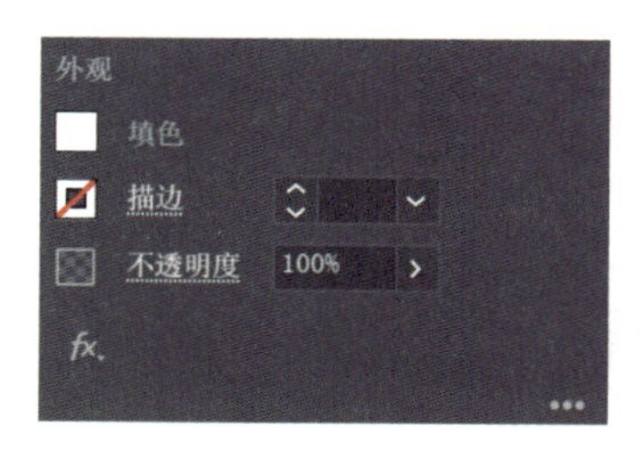

图 3-9-6　运用属性栏来控制路径

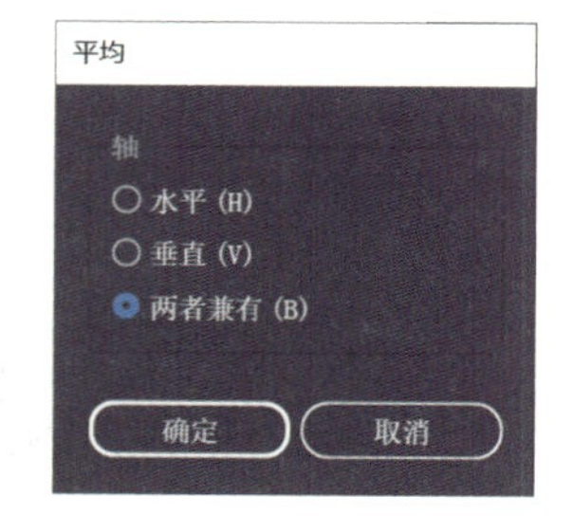

图 3-9-7　【平均】选项

③ 轮廓化描边。

执行【对象】/【路径】/【轮廓化描边】命令，将描边转化为路径。这样以后缩放形状时，可以按比例缩放。如果没有轮廓化描边，则在缩放对象时描边粗细不会随之发生变化。

④ 偏移路径。

执行【对象】/【路径】/【偏移路径】命令，弹出对话框，如图 3-9-8 所示。

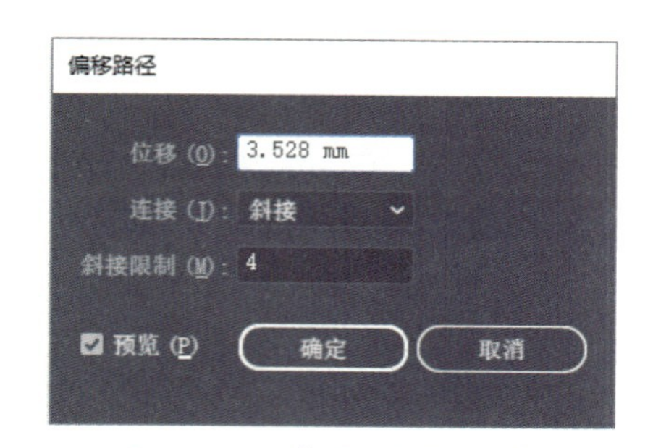

图 3-9-8　【偏移路径】选项

• 位移：在输入框内输入正值，路径会向外按此值形成一个嵌套路径；如果输入负值，则会向内形成一个嵌套路径。

• 连接：分为斜接、圆角和斜角。

• 斜接限制：可输入相应数值。

⑤ 反转路径方向。

改变绘制路径的方向，就是改变起点和终点的位置，从结束点到开始点反向绘制。

⑥ 简化。

简化路径功能可以删除不必要的锚点，并为复杂图稿生成简化的最佳路径，而不会对原始路径形状进行任何重大更改。

⑦ 添加锚点。

执行【对象】/【路径】/【添加锚点】命令后，所选中的路径上每两个锚点之间会添加一个锚点。

⑧ 移去锚点。

选中锚点，执行【对象】/【路径】/【移去锚点】命令后，所选中的锚点会被移去。

⑨ 分割下方对象。

选择路径，应用【对象】/【路径】/【分割下方对象】命令后，会把在它上、下与它相交的对象都切割开。

⑩ 分割为网格。

⑪ 清理。

清理就是要清除预览模式下不可见的以下三项。

• 游离点。

• 未上色对象：实际指的是填充和笔画都是透明色的物体。

• 空文本路径。

3.9.2 蒙版

蒙版一词本身来自生活应用，也就是“蒙在上面的版”的含义。在创作过程中，蒙版用于图形的细节处理、裁切以及图形与图形之间的处理。

（1）蒙版的概念

对于没有剪裁工具的 Illustrator 来说，蒙版可以完成其他软件抠图的效果，并保护选区的外部。

（2）蒙版的分类

Illustrator 中的蒙版分为两种：剪切蒙版和不透明蒙版。

① 剪切蒙版。

剪切蒙版就是只裁剪出需要的部分，适用于路径（必须是单纯路径或者文字）与图片之间的转变。剪切蒙版的作用是控制颜色（或图案），图片的形状，限制范围。【剪切蒙版】命令中包括【建立】、【释放】和【编辑蒙版】三项。

• 建立剪切蒙版：例如，图 A 和椭圆形路径 B，如图 3-9-9 所示，图 A 在下，椭圆形路径 B 在上，选中两者，执行【对象】/【剪切蒙版】/【建立】命令，如图 3-9-10 所示，则只能看到在 B 的形状范围里面的图 A 的部分内容，超出 B 形状的部分全部变成透明，如图 3-9-11 所示。

图 3-9-9　图 A 和椭圆形路径 B

• 释放剪切蒙版：执行【对象】/【剪切蒙版】/【释放】命令，将 A 图重新显示出来，如图 3-9-12、图 3-9-13 所示。

• 编辑内容：执行【对象】/【剪切蒙版】/【编辑内容】命令，对 A 图位置进行编辑，如图 3-9-14、图 3-9-15 所示。

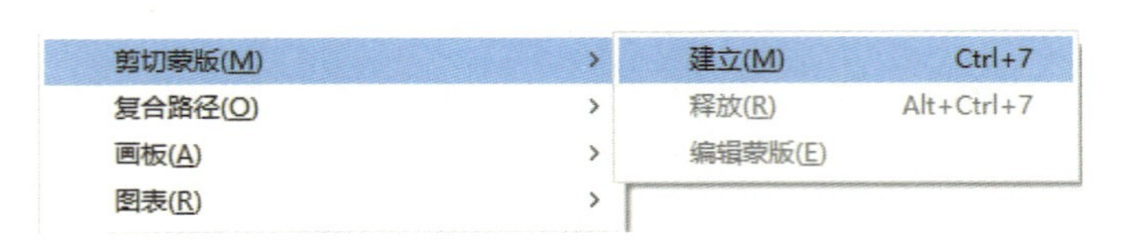

图 3-9-10　建立剪切蒙版

图 3-9-11　剪切蒙版后的效果

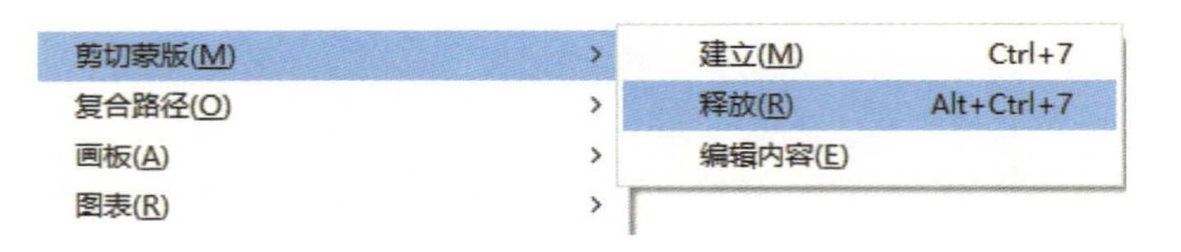

图 3-9-12　释放剪切蒙版

图 3-9-13　释放蒙版后的效果

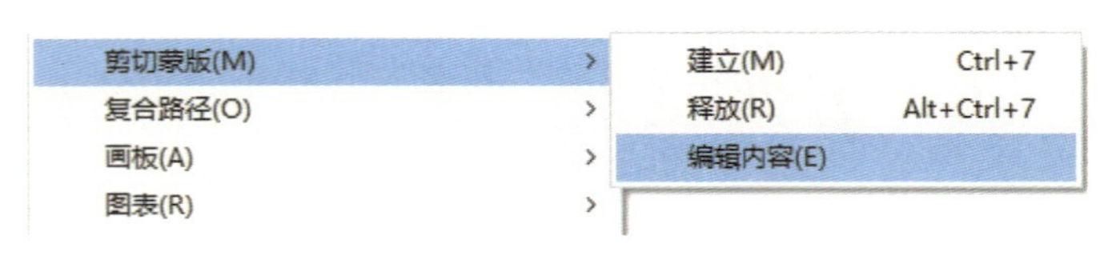

图 3-9-14　编辑内容

图 3-9-15　编辑蒙版后的效果

② 不透明蒙版。

Illustrator 使用蒙版对象中颜色的等效灰度来表示蒙版的不透明度。如果不透明蒙版为白色，会完全显示图稿；如果不透明蒙版为黑色，会隐藏图稿；而蒙版中的灰阶会导致图稿中出现不同程度的透明度。

不透明蒙版的作用：创建透明效果。

建立不透明蒙版：首先选中图 A，然后点击【透明度】面板右上角的菜单按钮，选择【建立不透明蒙版】命令，如图 3-9-16、图 3-9-17 所示。

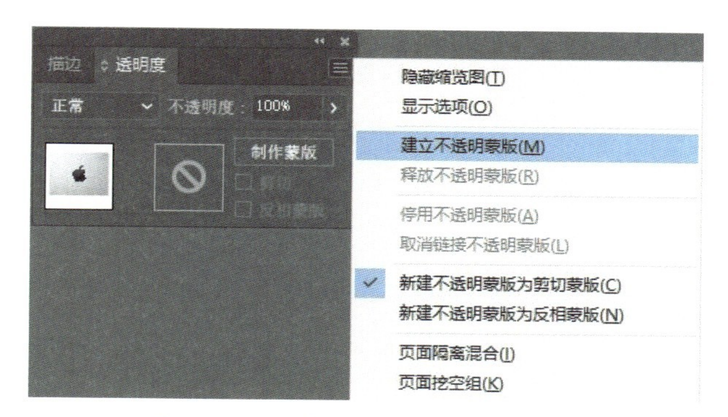

图 3-9-16 【建立不透明蒙版】命令

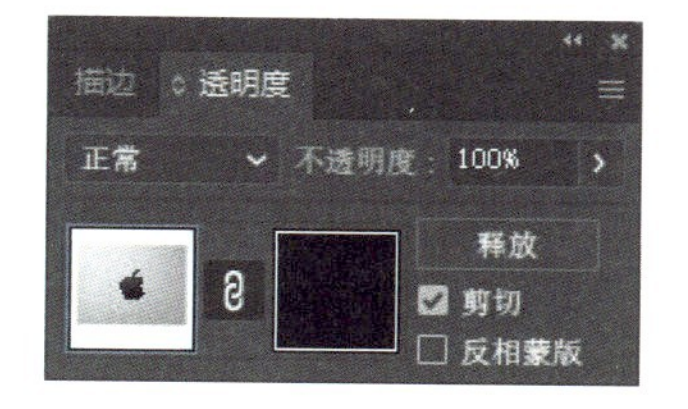

图 3-9-17 不透明蒙版对话框

【剪切】：为蒙版指定黑色背景，以将被蒙版的图稿裁剪到蒙版对象边界，如图 3-9-18 所示；取消选择【剪切】选项可关闭剪切行为，如图 3-9-19 所示。

【反相蒙版】：反相蒙版对象的明度值，这会反相被蒙版的图稿的不透明度。例如，不透明度为 90% 的区域在蒙版反相后变为不透明度为 10% 的区域，如图 3-9-20 所示。将图片 A 建立不透明蒙版，在蒙版上绘制椭圆形，勾选【反相蒙版】，如果取消选择【反相蒙版】选项，如图 3-9-21 所示，可将蒙版恢复为原始状态。

图 3-9-18 勾选【剪切】选框

图 3-9-19 不勾选【剪切】选框

图 3-9-20 勾选【反相蒙版】选框

图 3-9-21 不勾选【反相蒙版】选框

将图形 A 建立不透明蒙版，如图 3-9-22、图 3-9-23 所示，选中蒙版，在蒙版上绘制椭圆形路径 B，将椭圆形填充白色到黑色渐变，则 A 的图案会产生透明度的变化，如图 3-9-24 所示，修改完后，点击预览图中 A 的部分回到物体。

【释放不透明蒙版】：将不透明蒙版显示，如图 3-9-25、图 3-9-26 所示。

【停用不透明蒙版】：停用不透明蒙版后，【透明度】面板中会显示红色的“×”号，如图 3-9-27 所示。

利用不透明蒙版可以产生很多的效果，如投影、气泡。

（3）蒙版的功能

- 实现无缝拼接，拼合两张图片时接合处往往很生硬，而做一个蒙版，渐变过渡就很自然了。
- 创建复杂的边缘选区，使用蒙版能很精确地控制细节。
- 配合调整图层，实现对图像进行局部的细节处理。
- 制造特殊效果。

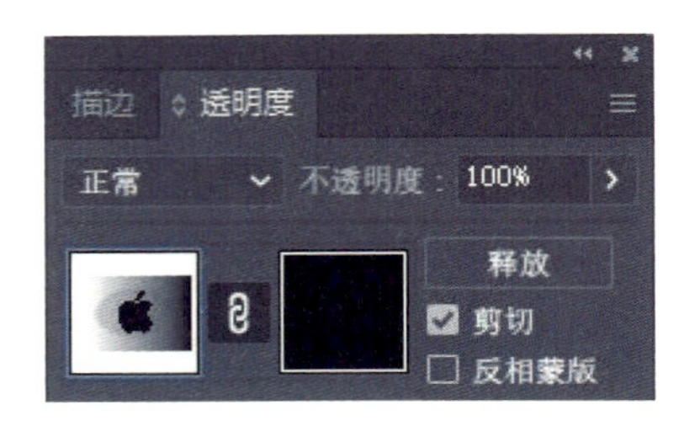

图 3-9-22　不透明蒙版对话框

图 3-9-23　不透明蒙版效果

图 3-9-24　透明效果（黑透白不透）

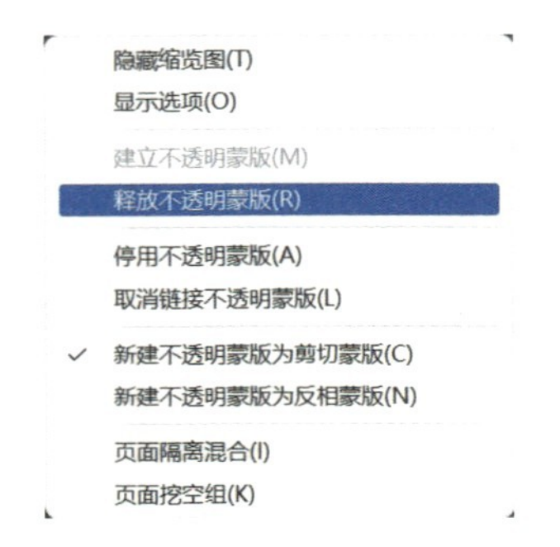

图 3-9-25　【释放不透明蒙版】命令

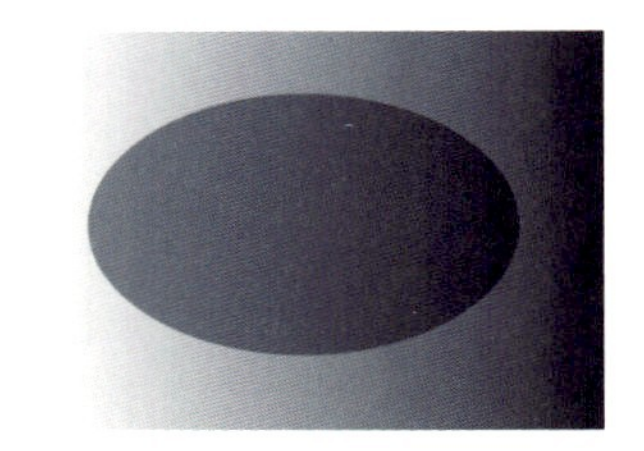
图 3-9-26　释放不透明蒙版效果

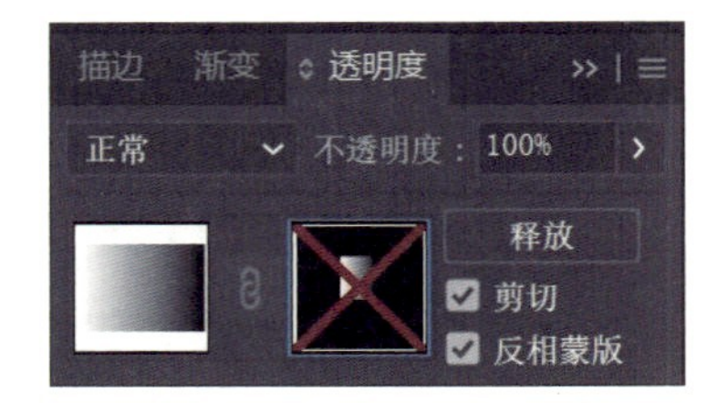

图 3-9-27　停用不透明蒙版

3.9.3　图层

（1）图层的概念

图层是图像文件中各个图形的有效管理者。图层的基本结构为各个独立的图层。在【图层】面板中可查看图像文件的相关图层及其对象，也可在该面板中对图层及对象做锁定、隐藏和排序的调整，如图 3-9-28 所示。

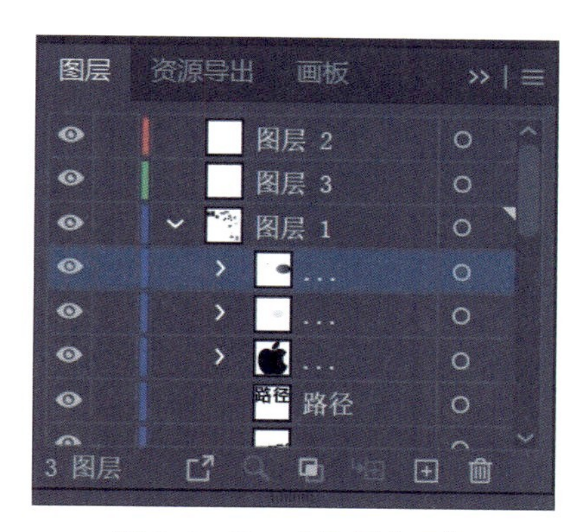

图 3-9-28 【图层】面板

① 当前图层。

当前图层又称为作用图层，即用户当前所工作的图层，该图层以蓝色高亮显示。

② 图层名称。

每个图层都可以定义不同的名称以便区分。

③ 子图层。

可以在任意一个图层之下创建一个嵌套的次级图层，而其下还可以再嵌套下一级的图层。

④ 图层显示标志。

当某图层的前面有“眼睛”标志时，表明对应的图层处于可见状态。

⑤ 图层锁定标记。

当某图层的前面有“小锁”标志时，表明对应的图层处于锁定状态，此时该图层不能被编辑或者修改，如图 3-9-29 所示。

⑥【创建新图层】按钮。

单击该按钮，可以建立一个新图层，如图 3-9-30 所示。

图 3-9-29 图层锁定

图 3-9-30 创建新图层

⑦【删除所选图层】按钮。

单击该按钮，可以删除当前图层或选定的图层，如图 3-9-31 所示。

⑧ 非打印图层。

可以设置某些图层为非打印图层，双击要选择的图层，弹出【图层选项】对话框，如图 3-9-32 所示。若勾选【打印】选项则为打印图层，不勾选【打印】选项则为非打印图层。

图 3-9-31 删除所选图层

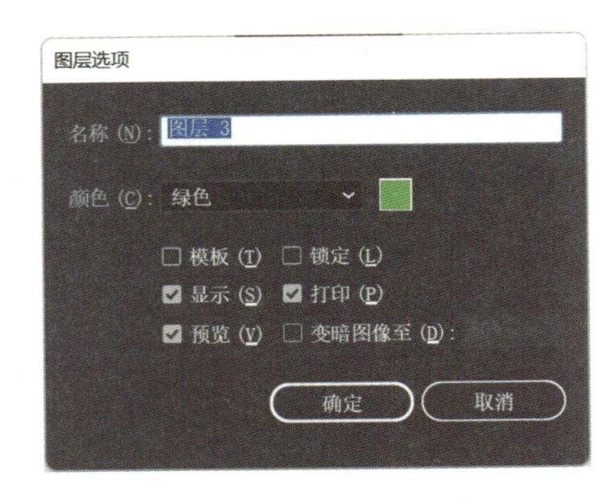

图 3-9-32 设置图层

（2）图层操作方式

① 新建图层。

方法一：在【图层】面板中单击【创建新图层】按钮。

方法二：单击【图层】面板右上角的菜单按钮，在弹出的面板菜单中选择【新建图层】命令，如图 3-9-33 所示。

② 选择图层。

按住 Shift 键的同时依次单击各图层名称，可以一次选中相邻的多个图层。如果选中第一个图层，按住 Shift 键的同时再单击最后一个图层，则可同时选中从第一个图层到最后一个图层之间的所有图层。

如果按住 Ctrl 键的同时单击图层的名称可以一次选中不相邻的多个图层，按住“Ctrl + Alt”键的同时，单击【图层】面板中的任意位置，直接按所需选定的图层的号码，如按 3，可选该图层。

③ 复制图层。

拖动需要复制的图层，直接拖动到【创建新图层】按钮上，如图 3-9-34 所示。

④ 锁定图层。

单击【图层】面板中“眼睛”标志右侧的，使其出现图层锁定标志即可，如图 3-9-29 所示。

⑤ 合并图层。

过多的图层将会占用大量的内存资源，所以在确定图形位置、相互间的层次关系无误后，可以将图层合并，如图 3-9-35 所示。

⑥ 删除图层。

方法一：选中要删除的图层，单击【图层】面板右上角的菜单按钮，从弹出的面板菜单中选择【删除所选图层】选项。

方法二：用鼠标将需要删除的图层直接拖动到【图层】面板底部的【删除所选图层】按钮上。

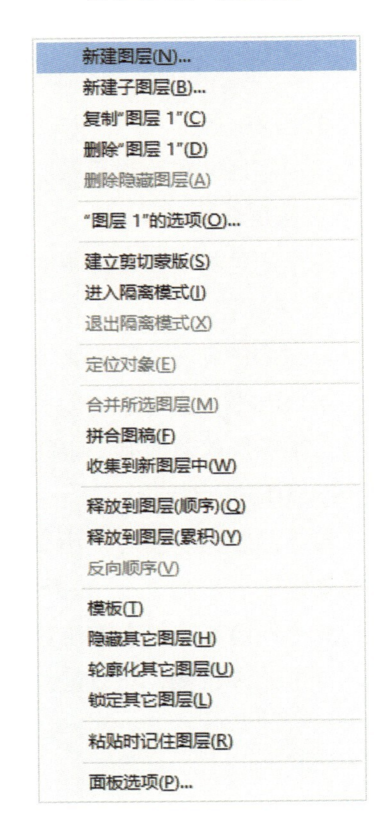

图 3-9-33 新建图层

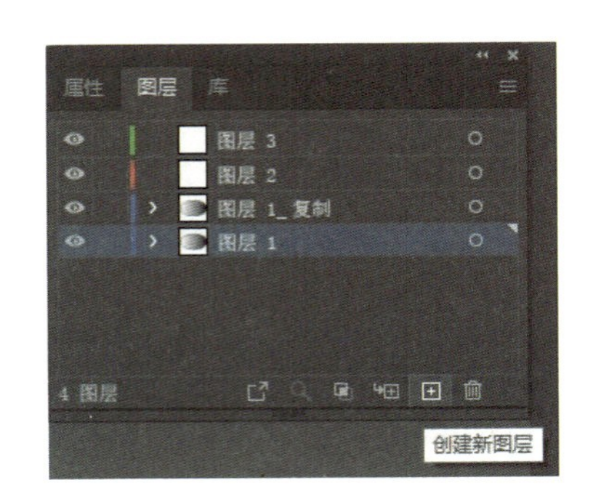

图 3-9-34 复制图层

方法三：选中要删除的图层，单击【图层】面板底部的【删除所选图层】按钮🗑。

⑦ 收集图层。

将【图层】面板中的选取对象移至新图层。

方法一：在【图层】面板中选取要移到新图层的图层，按住鼠标左键拖动图层，移动到新图层松开鼠标，将原图层移至新图层中。

方法二：选中要收集的图层，在【图层】面板中选择【收集以导出】命令，将选中图层作为资源导出，如图 3-9-36 所示。

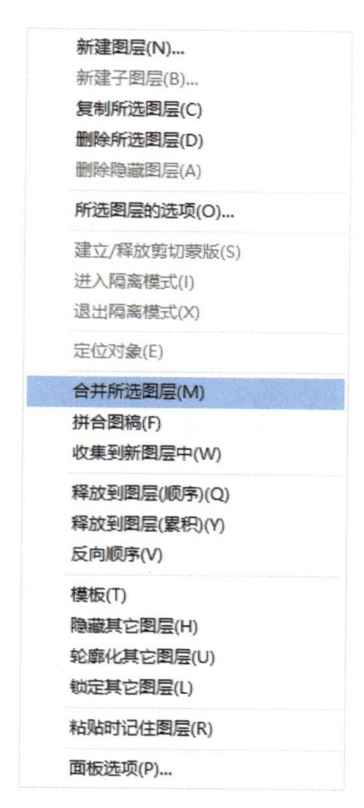

图 3-9-35　合并图层

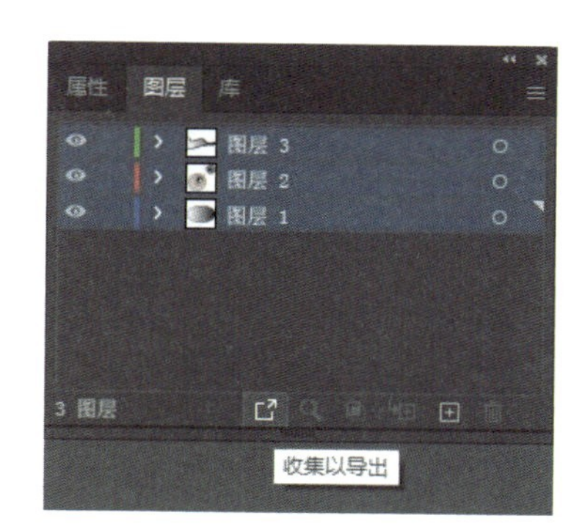

图 3-9-36　收集图层

4 Illustrator 实例应用

4.1 图形设计绘制

4.1.1 花形标志绘制

4.1.1.1 效果展示

这是一个花形标志的制作实例操作，最终效果如图 4-1-1 所示。

图 4-1-1 花形标志

4.1.1.2 制作步骤

① 新建文件。

选择【文件】/【新建】命令（或按“Ctrl+N”键），新建一个文件。在弹出的【新建文档】对话框中将文件名称设为“花形标志”，其他设置如图 4-1-2 所示。单击【创建】按钮，建立一个新的工作页面。

② 绘制形状。

选取钢笔工具，在页面中拖曳鼠标，绘制路径如图 4-1-3（a）所示，勾勒出标志中的一个花瓣形状，如图 4-1-3（b）所示，再选取直接选择工具对路径进行调整，完成图 4-1-3（c）的形状绘制。

③ 给形状上色。

在工具箱中单击【渐变】按钮，弹出【渐变】对话框，为花瓣形状填充颜色，如图 4-1-4 所示。

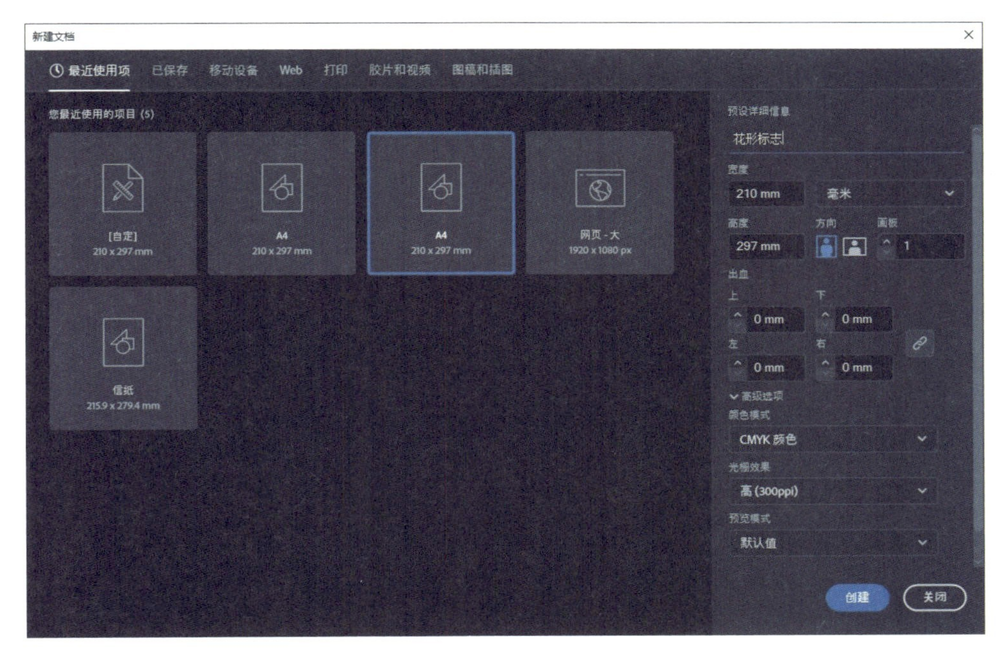

图 4-1-2　新建文档

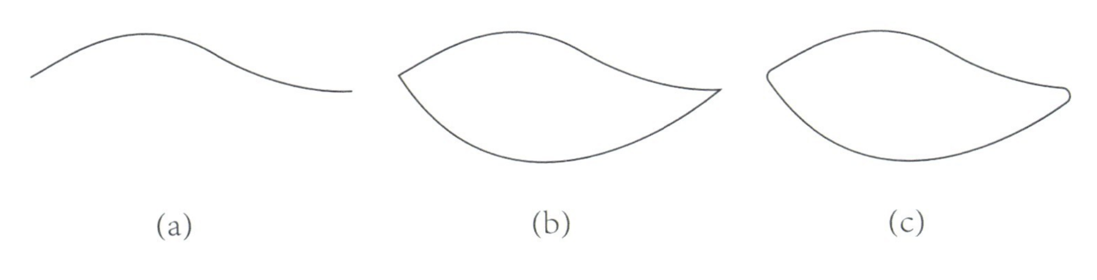

图 4-1-3　绘制图形路径

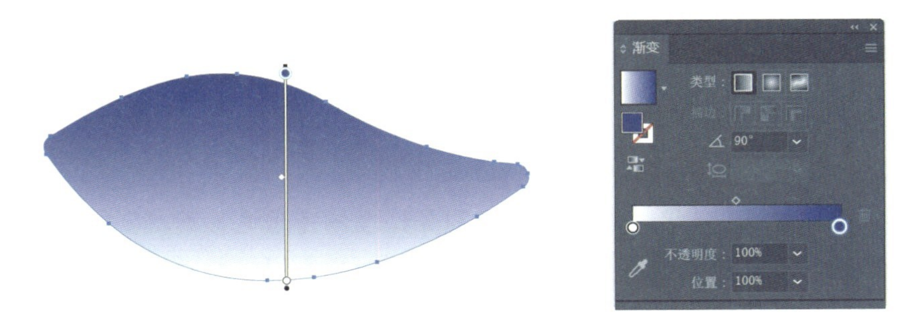

图 4-1-4　给花瓣形状填充颜色

④ 进行重复变换。

选择【对象】/【重复】/【径向】命令，如图 4-1-5 所示。得到图形如图 4-1-6 所示，（a）位置控制重复数量，（b）位置控制旋转轴心距离与方向。

⑤ 在花瓣中心添加圆形后设置渐变效果。

选取椭圆工具，按住 Shift 键绘制正圆。利用对齐工具使正圆对齐到花瓣中心，如图4-1-7所示。

图 4-1-5 【径向】命令

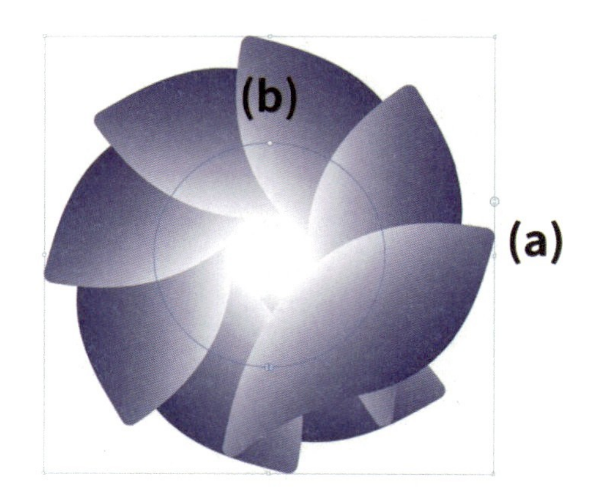

图 4-1-6 重复变换

图 4-1-7 添加圆形并设置渐变效果

4.1.1.3 实例操作小结

本案例中主要运用的工具和命令有选择工具、钢笔工具、直接选择工具、【重复】/【径向】命令、【颜色】命令等。

在这个实例操作过程中，首先要注意单个对象造型的完整性，其次要找到正确的方法使单个对象进行准确有序的旋转复制，不要随意拖动或旋转对象。操作过程中，要逐步了解并熟悉一些快捷方式的操作，如可直接按 V 键使用选择工具，直接按 I 键选择吸管工具，这样可以提高软件的操作效率。

4.1.2 欧普风格图形绘制

微视频：欧普风格图形

4.1.2.1 效果展示

这是一个欧普风格图形制作实例，最终效果如图 4-1-8 所示。

4.1.2.2 制作步骤

① 新建文件。

选择【文件】/【新建】命令（或按“Ctrl+N”键），新建一个文件。在弹出的【新建文档】对话框中将文件名称设为“欧普风格图形”，根据需要设置其他选项，单击【创建】按钮，建立一个新的工作页面。

图 4-1-8 欧普风格图形

② 绘制形状。

选取多边形工具，在绘图区点击左键，在弹出的【多边形】面板中设置半径为 50 pt，边数为 3，如图 4-1-9 所示，绘制出一个三角形形状，如图 4-1-10 所示，将绘制好的三角形拉伸变形为一个较长的三角形（宽为 30 pt，高为 200 pt），如图 4-1-11 所示，将变形后的图形复制一个并旋转 180° ，将两个图形顶点对齐，如图 4-1-12 所示。选择两个三角形之后使用【路径查找器】将其拼合，如图 4-1-13 所示，选中拼合图形，双击旋转工具，在【旋转】面板中设置角度为 12° ，点击左下角【复制】按钮，如图 4-1-14 所示，使用“Ctrl+D”键重复上一步操作，直到旋转成一个圆形形状，如图 4-1-15 所示。

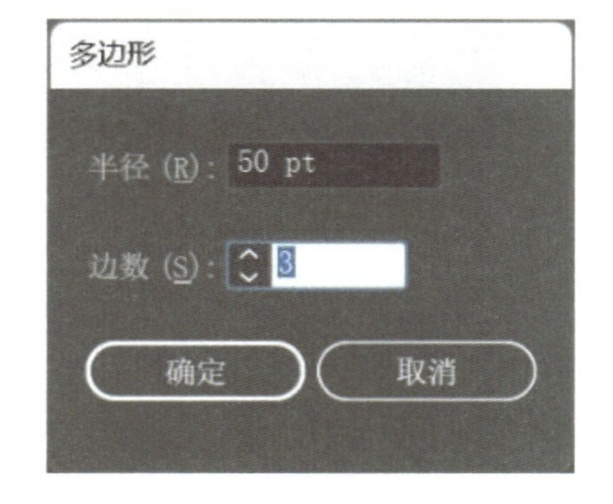

图 4-1-9 【多边形】面板

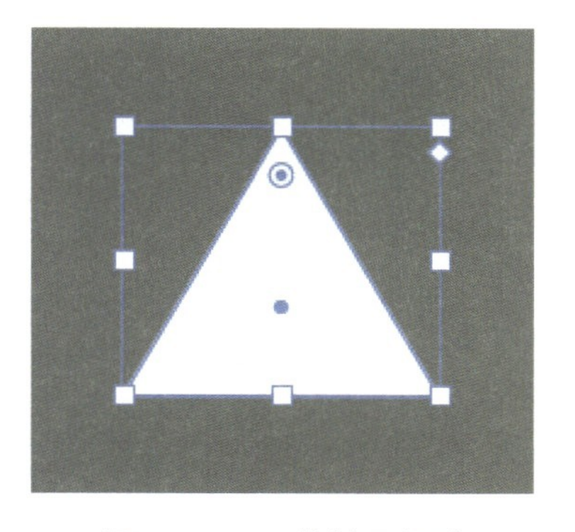
图 4-1-10 绘制三角形

图 4-1-11 三角形拉伸变形

图 4-1-12
复制并旋转

图 4-1-13　使用【路径查找器】进行拼合

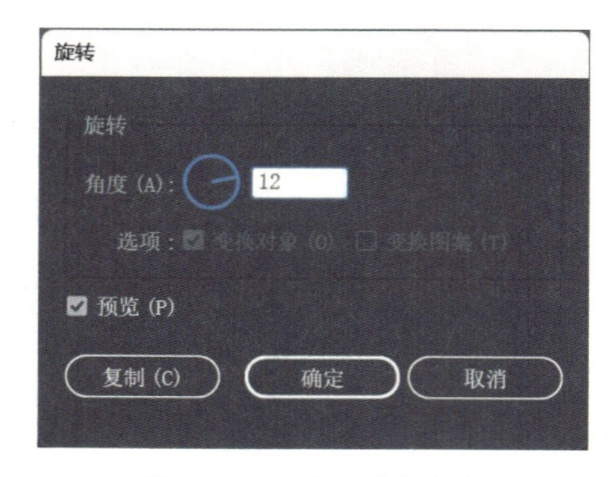

图 4-1-14　设置旋转角度

图 4-1-15　旋转至圆形

③ 剪切图形。

将上一步绘制好的图形全部选中，按“Ctrl+G”键进行编组。使用椭圆工具绘制三个正圆，直径分别为 300 pt、200 pt、100 pt，如图 4-1-16、图 4-1-17 所示，将三个正圆设置填色为无，描边为 1 pt，如图 4-1-18 所示。

图 4-1-16　【椭圆】面板

图 4-1-17　绘制三个正圆

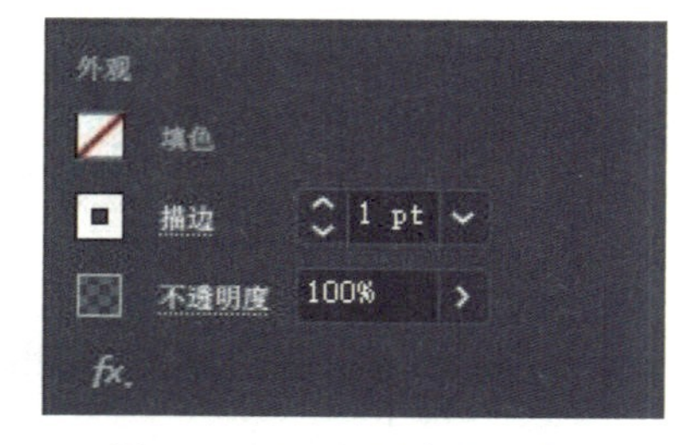

图 4-1-18　设置填色和描边

将绘制好的三个正圆及之前的图形全部选中，在【对齐】选项中选择“水平居中对齐”与“垂直居中对齐”，效果如图 4-1-19 所示。在【路径查找器】选项中选择【分割】，将图形切割开，如图 4-1-20 所示。分割完成后图形会自动编组，单击右键取消编组，如图 4-1-21 所示。单击图形中的矩形，在菜单栏中点击【选择】/【相同】/【外观】，如图 4-1-22 所示。将所有矩形选中并移动到其他位置，与线条区分开，如图 4-1-23 所示，完成后将下方的线条删除。

图 4-1-19 将图形居中对齐

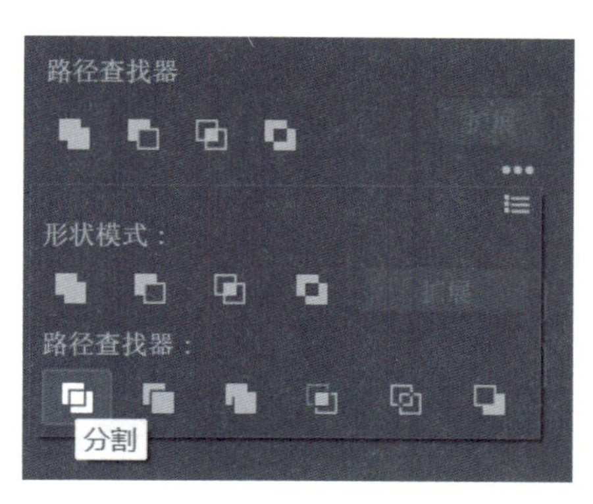

图 4-1-20 使用【路径查找器】进行分割

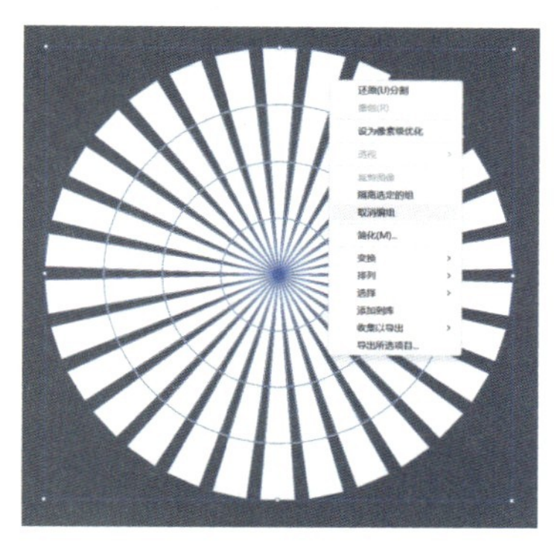

图 4-1-21 取消编组

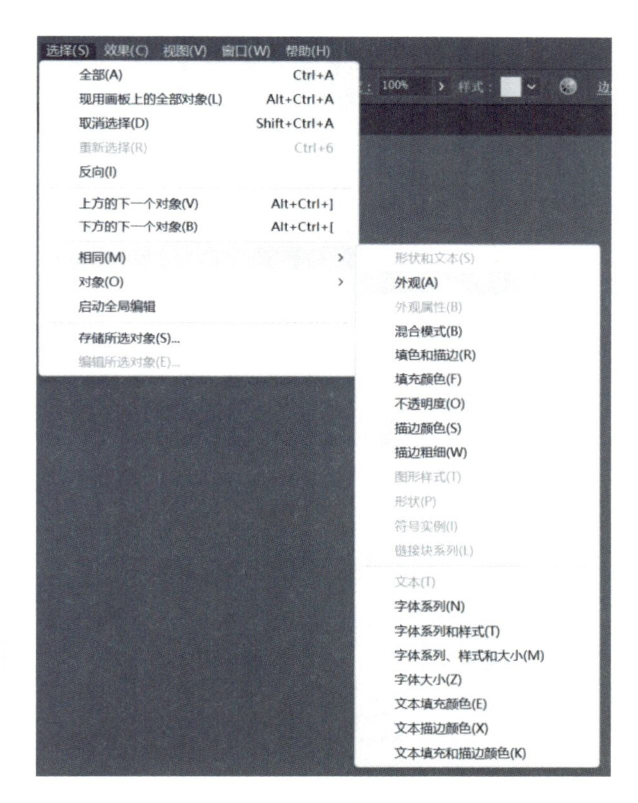

图 4-1-22 执行【选择】/【相同】/【外观】命令

图 4-1-23 将矩形与线条分开，并删除线条

④ 阶级区分。

为了方便区分阶级，需要将每一圈的矩形区分开，这里给每一圈图形单独赋予一种颜色，如图 4-1-24 所示。

⑤ 旋转顶点。

选取直接选择工具，将第一阶级与第二阶级相接的顶点选中，如图4-1-25所示，双击旋转工具，设置旋转角度为 45° ，点击【确定】，如图 4-1-26 所示，得到旋转顶点后的图像，如图 4-1-27 所示。然后选择第三阶级与第四阶级相接的顶点，如图 4-1-28 所示，双击旋转工具，设置旋转角度为 45° ，点击【确定】，如图 4-1-29 所示，得到图形如图 4-1-30 所示。

⑥ 填充色彩。

选择绘制好的图形，填充黑色或者其他颜色，最终得到图形如图 4-1-31 所示。

图 4-1-24　区分阶级

图 4-1-25　选中第一阶级与第二阶级相接的顶点

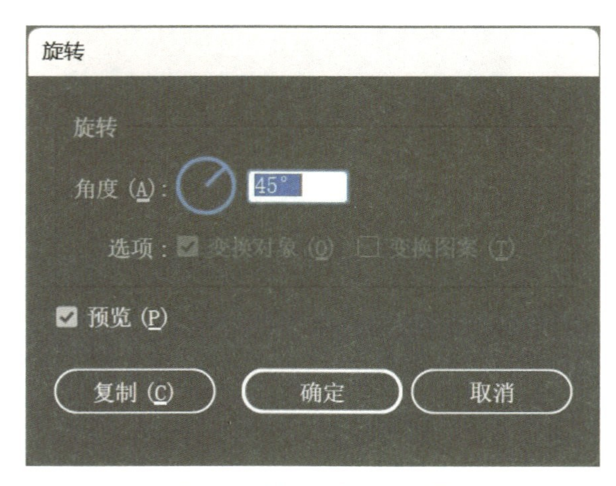

图 4-1-26　设置旋转角度

图 4-1-27　旋转顶点后的效果

图 4-1-28 选中第三阶级与第四阶级相接的顶点

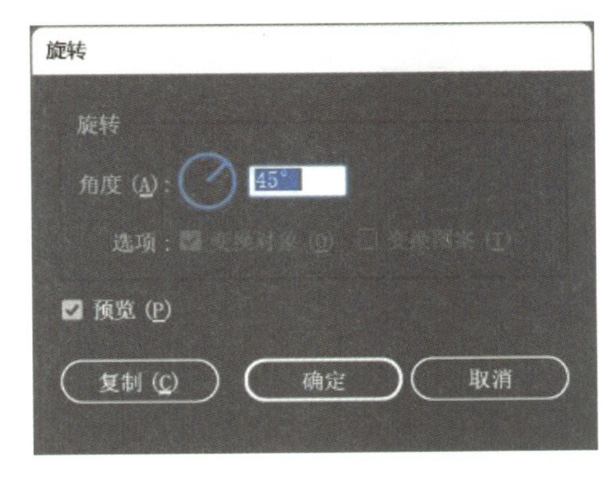

图 4-1-29 设置旋转角度

图 4-1-30 旋转顶点后的效果

图 4-1-31 填充黑色后的最终效果

4.1.2.3 实例操作小结

本案例中主要运用的工具和命令有选择工具、椭圆工具、直接选择工具、路径查找器、阶级区分、【颜色】命令等。

欧普风格是一种独特而富有艺术感的设计风格，它常常运用黑白对比色或鲜艳颜色的对比，在简洁的几何形态中给人们以强烈的视觉冲击，使作品具有波动和变化之感。欧普风格的图形通常包括一些简单而生动的形状，如圆圈、椭圆、矩形和波浪线。掌握画笔工具、形状工具等基本绘图工具，可以熟练地绘制这些形状。在操作过程中，选择锚点时要注意容易多选、漏选。此外，还需要学会如何选择适当的颜色和使用阶级区分工具来调整图形的颜色和对比度。

4.2 三维标志绘制

4.2.1 效果展示

这是一个三维标志的制作实例操作，最终效果如图 4-2-1 所示。

图 4-2-1 三维标志

4.2.2 制作步骤

① 新建文件。

选择【文件】/【新建】命令（或按“Ctrl+N”键），新建一个文件。在弹出的【新建文档】对话框中将文件名称设为“三维标志”，根据需要设置其他选项，单击【创建】按钮，建立一个新的工作页面。

② 绘制形状。

选取圆角矩形工具和椭圆工具，在页面中拖曳鼠标，绘制三个图形，一个大的圆角矩形、一个小的圆角矩形和一个正圆，如图 4-2-2 所示。

图 4-2-2 绘制形状

③ 给形状上色。

在工具箱中双击【颜色】按钮，弹出【拾色器】对话框，为大的圆角矩形和正圆形填充 C0、M50、Y60、K0 的颜色，如图 4-2-3 所示。

图 4-2-3　给形状填充颜色

④ 摆放图形位置。

选中所有图形后，点击大的圆角矩形，执行【对齐】命令，选择水平居中对齐、垂直居中对齐，如图 4-2-4 所示。最后得到调整好位置后的图形，如图 4-2-5 所示。

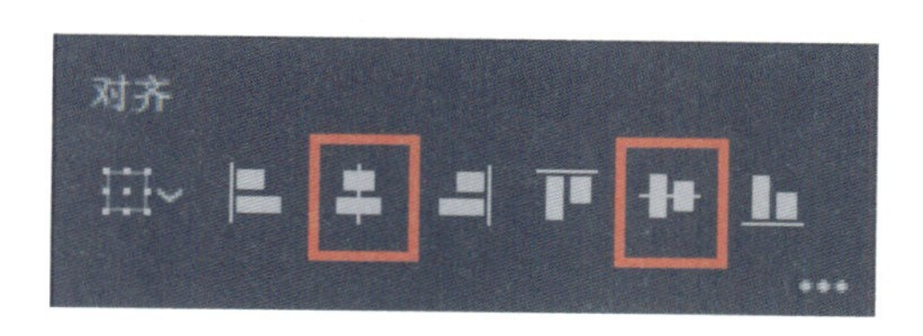

图 4-2-4　【对齐】命令

图 4-2-5　摆放图形位置

⑤ 添加三维效果。

选择【效果】/【3D 和材质】/【凸出和斜角】命令，如图 4-2-6 所示，在【对象】选项中，选择【膨胀】效果，如图 4-2-7 所示。在【材质】选项中将粗糙度改为 0，启用右上角【使用光线追踪进行渲染】选项，如图 4-2-8 所示。最后，在【光照】选项中调整光照强度和旋转位置，如图 4-2-9 所示。

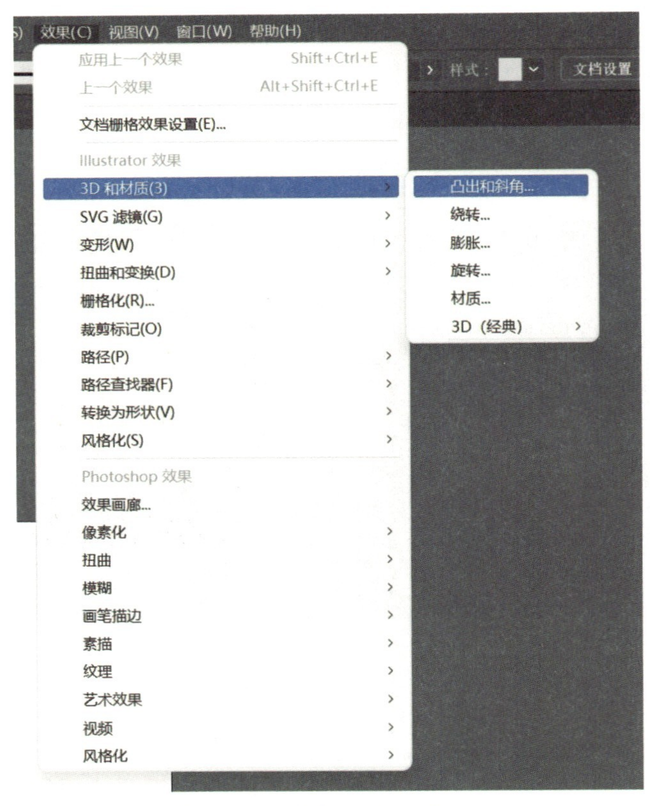

图 4-2-6　【凸出和斜角】命令

图 4-2-7　【对象】选项

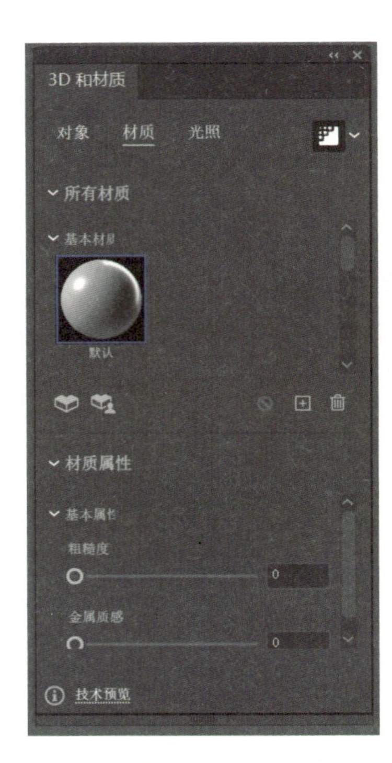

图 4-2-8　【材质】选项

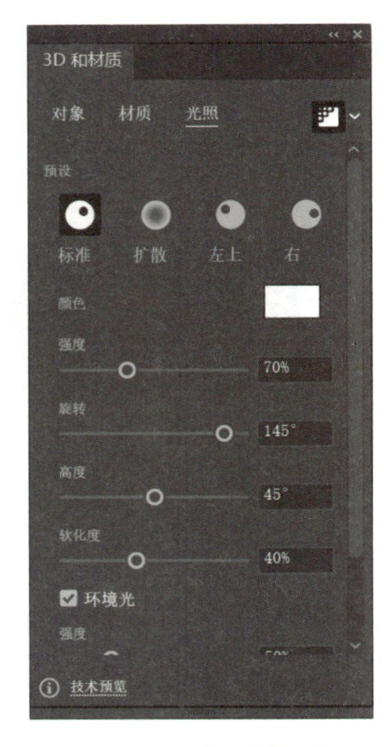

图 4-2-9　【光照】选项

⑥ 完成最终效果。

以上就是 Illustrator 2022 版本 3D 新功能效果展示，最终效果如图 4-2-10 所示。

图 4-2-10 三维标志最终效果

4.2.3 实例操作小结

本案例中主要运用的工具和命令有选择工具、圆角矩形工具、椭圆工具、直接选择工具、【颜色】命令、【对齐】命令、【效果】/【3D 和材质】/【凸出和斜角】命令等。在这个实例操作过程中，首先要注意单个对象造型的完整性，其次要找到正确的方法使单个对象进行准确有序的排列，不要随意更改对象位置。操作过程中，要逐步了解并熟悉一些快捷方式的操作，如可直接按 V 键使用选择工具，直接按 I 键选择吸管工具，这样可以提高软件的操作效率。

4.3 字体设计绘制

4.3.1 效果展示

这是一个字体设计的制作实例，最终效果如图 4-3-1 所示。

4.3.2 制作步骤

① 新建文件。

选择【文件】/【新建】命令（或按“Ctrl + N”键），新建一个文件。在弹出的【新建文档】对话框中将文件名称设为“中国梦”，根据需要设置其他选项，单击【创建】按钮，建立一个新的工作页面。

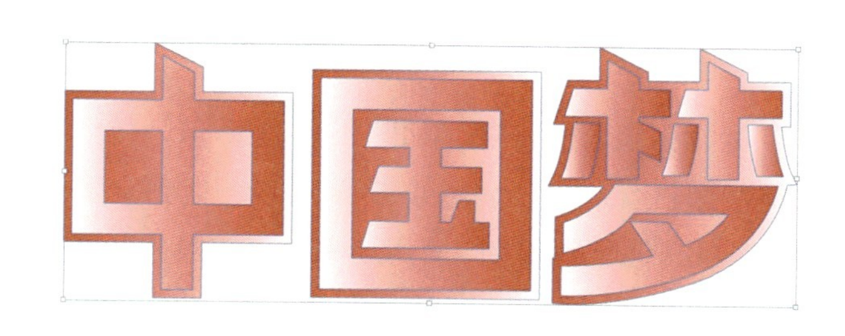

图 4-3-1 “中国梦”字体设计

② 绘制文字笔画矩形。

选取矩形工具，绘制出文字笔画，如图 4–3–2 所示。再根据字体外形，拼凑出“中”字，如图 4–3–3 所示。

③ 绘制文字“国”。

选取矩形工具，绘制出“国”字的笔画，如图 4–3–4 所示。

图 4–3–2　绘制笔画

图 4–3–3　绘制文字“中”

图 4–3–4　绘制文字“国”

④ 绘制文字“梦”。

由于“梦”字的笔画有较多弧线，我们选择矩形工具和钢笔工具，组合绘制出“梦”字的大型。首先使用矩形工具绘制出其中的规则部分，如图 4–3–5 所示，然后使用钢笔工具绘制其他不规则部分，如图 4–3–6 所示。

图 4–3–5　规则部分

图 4–3–6　绘制文字“梦”

⑤ 剪切、删除笔画。

将绘制的“中国梦”字型排列组合到一起，如图 4–3–7 所示，将绘制好的字型全部选中后，使用【路径查找器】命令将字型拼合起来，如图 4–3–8 所示，得到字型拼合后的图形如图 4–3–9 所示。由于拼合图形后出现很多其他无效锚点，使用删除锚点工具将不需要的锚点进行修剪删除，如图 4–3–10 所示。最后得到调整后的图形，如图 4–3–11 所示。

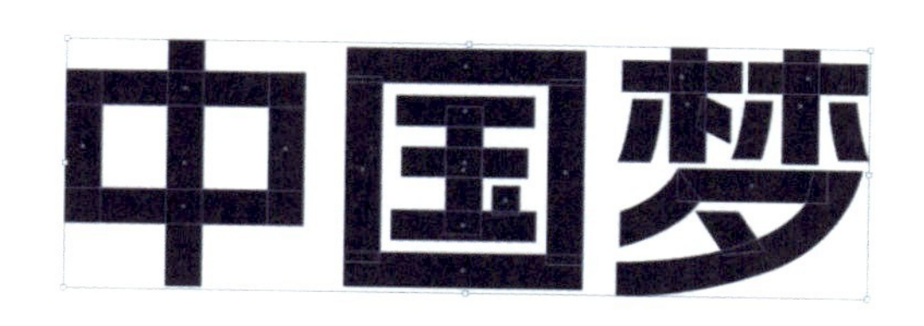

图 4-3-7　文字组合

图 4-3-8　【路径查找器】面板

图 4-3-9　拼合图形

图 4-3-10　修剪锚点

图 4-3-11　修剪锚点完成

接下来设计字体的变形，使字体增加设计感。选中相同方形笔画的锚点，如图 4-3-12 所示，将锚点选中后向上移动，将其他相同横向笔画的点稍作修改，如图 4-3-13 所示。

图 4-3-12　选择锚点

图 4-3-13　调整位置锚点

使用选择工具框选修剪后的文字图形，选择【对象】/【路径】/【偏移路径】命令，在【偏移路径】面板中设置位移，如图 4-3-14 所示，得到“中国梦”文字的描边路径，如图 4-3-15 所示，将路径选择释放后将图形联集合并，如图 4-3-16 所示。

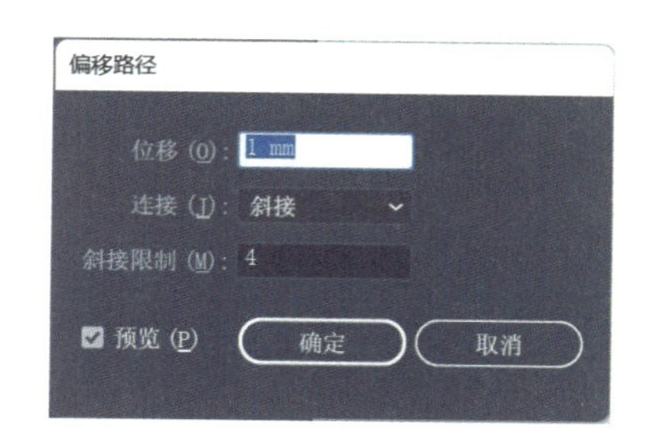

图 4-3-14　偏移大小

图 4-3-15　描边路径

图 4-3-16　释放联集路径

⑥ 添加渐变颜色。

将绘制好的文字图层填充渐变颜色，选择渐变工具，在选中的长方形对象上从左向右拉，渐变的色彩从左到右依次填充为 C0、M0、Y0、K0，C10、M100、Y100、K0，如图 4-3-17 所示。

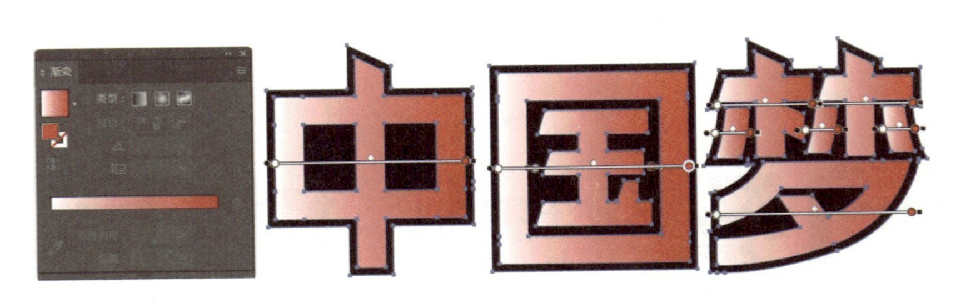

图 4-3-17　渐变填充

将绘制好的底色填充渐变颜色，选择渐变工具，在选中的长方形对象上从右向左拉，渐变的色彩从右到左依次填充为 C0、M0、Y0、K0，C10、M100、Y100、K0，如图 4-3-18 所示。

图 4-3-18　渐变填充

4.3.3　实例操作小结

案例中主要运用的工具和命令有矩形工具、钢笔工具、选择工具、渐变工具、【颜色】命令、【路径查找器】命令等。

在这个实例操作中，首先对文字的笔画变形要有具体的草图方案，这样在拆分笔画时可以做到有的放矢；其次，要熟练运用路径工具对笔画进行切割；再次，灵活运用【路径查找器】命令，对路径间的关系进行处理；最后，灵活运用钢笔工具组中的工具调整路径，与所需造型达到完美一致。

4.4 平面书籍绘制

微视频：平面书籍

4.4.1 效果展示

这是一个平面书籍绘制的实例操作，最终效果如图 4-4-1 所示。

图 4-4-1 平面书籍

4.4.2 制作步骤

① 新建文件。

选择【文件】/【新建】命令（或按“Ctrl+N”键），新建一个文件。在弹出的【新建文档】对话框中将文件名称设为“平面书籍”，根据需要设置其他选项，单击【创建】按钮，建立一个新的工作页面。

② 绘制书本一的形状。

选取矩形工具，在页面中拖曳鼠标，绘制一个矩形，宽为 120 pt，高为 50 pt，如图 4-4-2 所示。选择钢笔工具，将鼠标放在矩形左侧的边的中间位置，按住 Alt 键向左拖动制作出书本侧面弧度，如图 4-4-3 所示。将绘制好的图形选中，在菜单栏中选择【对象】/【路径】/【偏移路径】，设置位移为 −5 pt，连接方式为斜接，如图 4-4-4 所示，得到书本厚度，如图 4-4-5 所示。将书本内轮廓的形状复制一个出来备用，如图 4-4-6 所示。分别选中书本的内外轮廓，用钢笔工具在其右侧的边上各添加一个锚点后将锚点删除，如图 4-4-7 所示，用直接选择工具选择右侧的四个锚点，在【对齐】选项中选择【水平右对齐】，如图 4-4-8 所示，然后再将锚点连接起来，如图 4-4-9 所示。将刚刚复制备用的图形对齐到书本轮廓上，得到书本的完整图形，如图 4-4-10 所示。

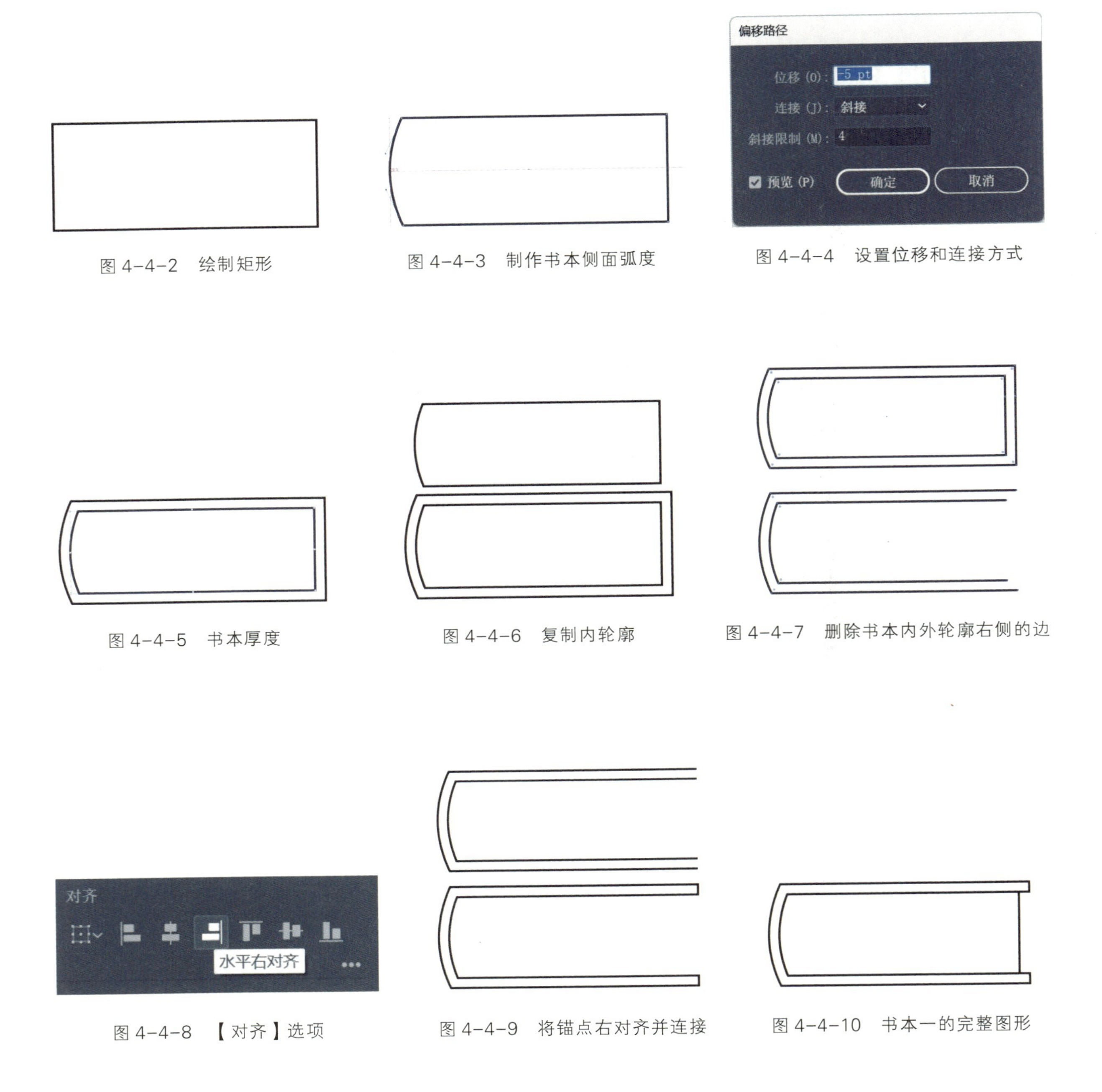

图 4-4-2　绘制矩形

图 4-4-3　制作书本侧面弧度

图 4-4-4　设置位移和连接方式

图 4-4-5　书本厚度

图 4-4-6　复制内轮廓

图 4-4-7　删除书本内外轮廓右侧的边

图 4-4-8　【对齐】选项

图 4-4-9　将锚点右对齐并连接

图 4-4-10　书本一的完整图形

③ 绘制书本二的形状。

将步骤②绘制好的书本形状复制一个来进行第二个书本形状的变形。用椭圆工具绘制两个直径为 20 pt 的正圆，如图 4-4-11 所示，将绘制好的正圆放置在合适位置，如图 4-4-12 所示。选中两个正圆，在菜单栏中选择【对象】/【路径】/【偏移路径】，设置位移为 5 pt，连接方式为斜接，如图 4-4-13 所示。将书籍外轮廓与所有正圆全部选中，选择形状生成器工具，如图 4-4-14 所示，按住鼠标左键不放在图形中拖动，得到想要的图形形状后将多余部分删除，如图 4-4-15 所示。将得到的书籍轮廓复制一个出来，将外侧锚点都删除，如图 4-4-16 所示。连接右侧锚点，然后将右侧锚点选中并向左移动一些距离，得到书籍内页轮廓如图 4-4-17 所示。将绘制好的书籍轮廓与书籍内侧对齐，得到完整的书籍形状，如图 4-4-18 所示。

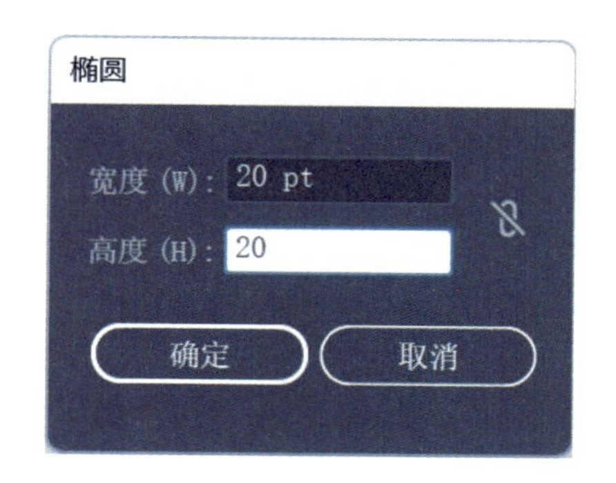

图 4-4-11　设置椭圆的参数

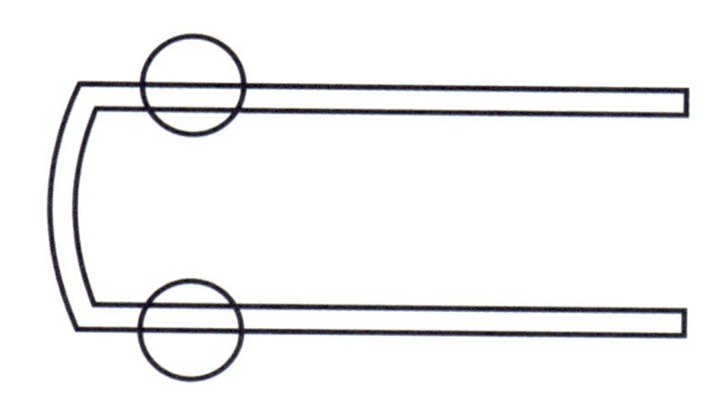

图 4-4-12　将绘制的正圆放在合适位置

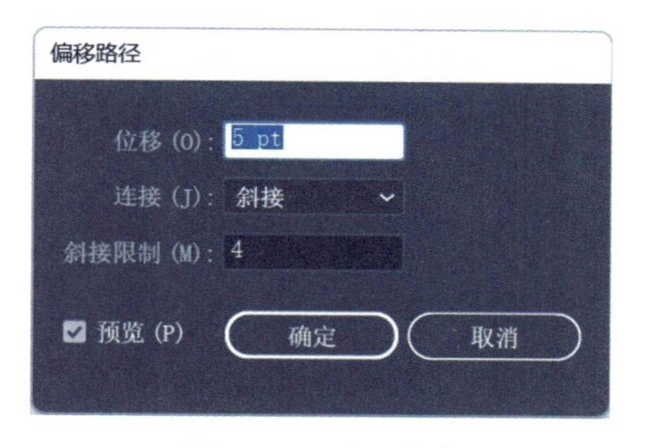

图 4-4-13　设置位移

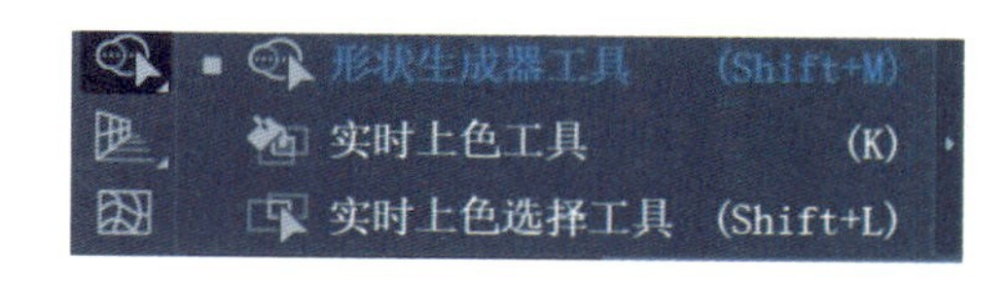

图 4-4-14　形状生成器工具

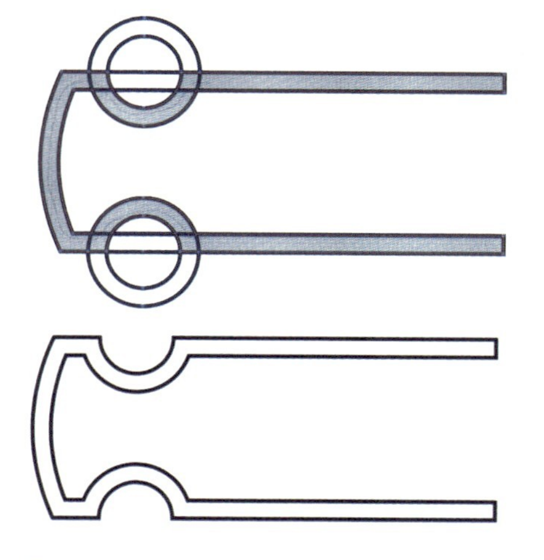

图 4-4-15　拖动鼠标左键生成想要的形状

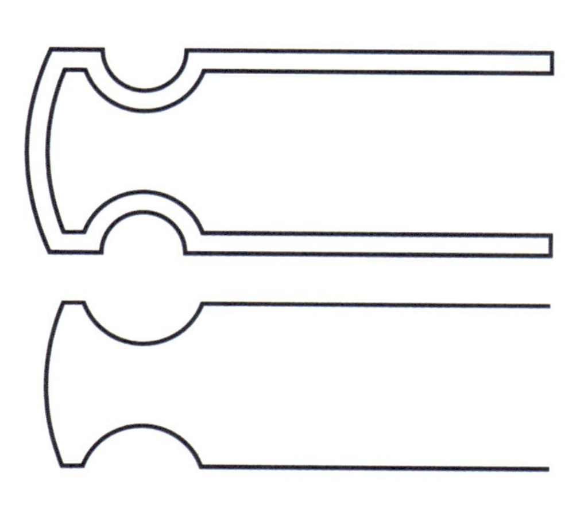

图 4-4-16　复制一个轮廓并删除外侧锚点

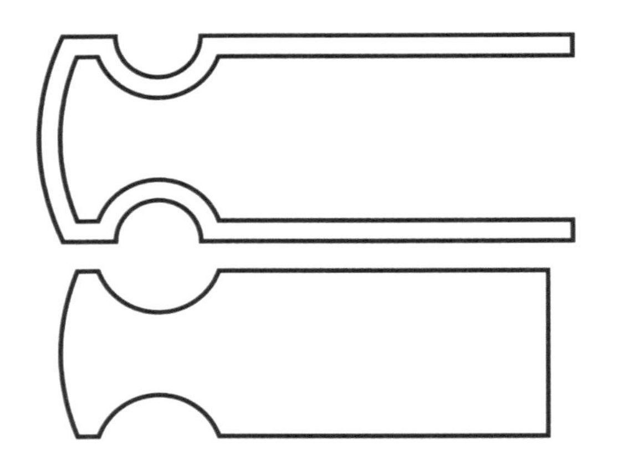
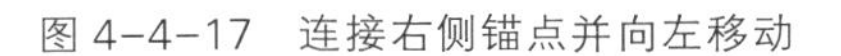

图 4-4-17　连接右侧锚点并向左移动

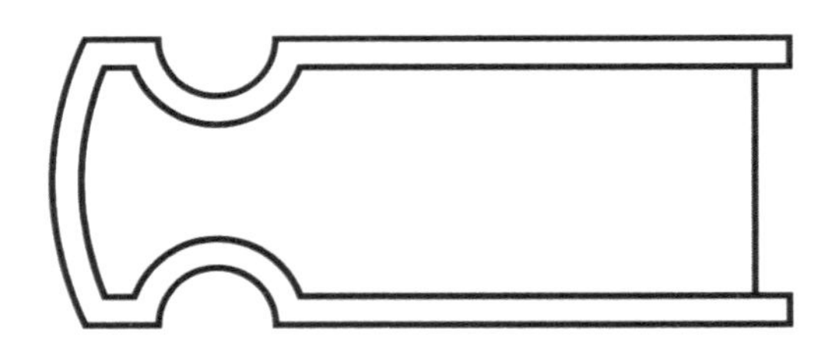

图 4-4-18　对齐轮廓，得到书本二的完整形状

④ 绘制其他书本。

选取矩形工具，在页面中拖曳鼠标，绘制五个矩形，分别为宽 40 pt、高 140 pt，宽 15 pt、高 155 pt，宽 10 pt、高 140 pt，宽 50 pt、高 150 pt，宽 40 pt、高 130 pt，如图 4-4-19 所示。

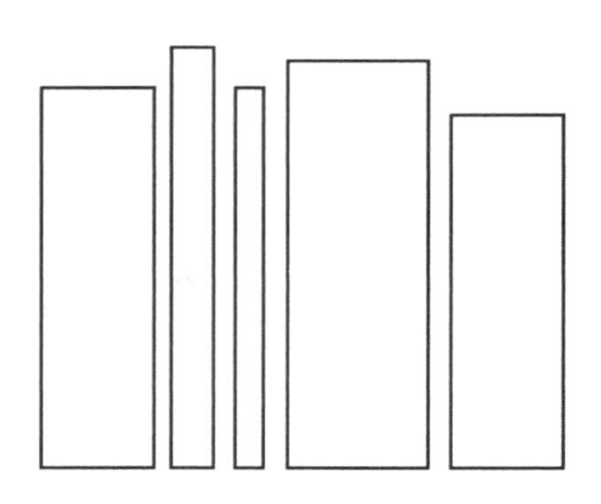

图 4-4-19　绘制五个矩形

⑤ 对书籍进行上色。

将绘制好的图形依次摆放组合，如图 4-4-20 所示。左下角书籍的轮廓色彩填充为 C72、M2、Y63、K0，内页色彩填充为 C6、M13、Y20、K0，如图 4-4-21 所示；左上角书籍的轮廓色彩填充为 C0、M52、Y91、K0，内页色彩填充为 C6、M13、Y20、K0，如图 4-4-22 所示；右侧五本书籍的色彩填充分别为 C80、M68、Y0、K0，C39、M72、Y78、K0，C4、M26、Y74、K0，C21、M94、Y60、K0，C71、M25、Y0、K0，如图 4-4-23 所示。

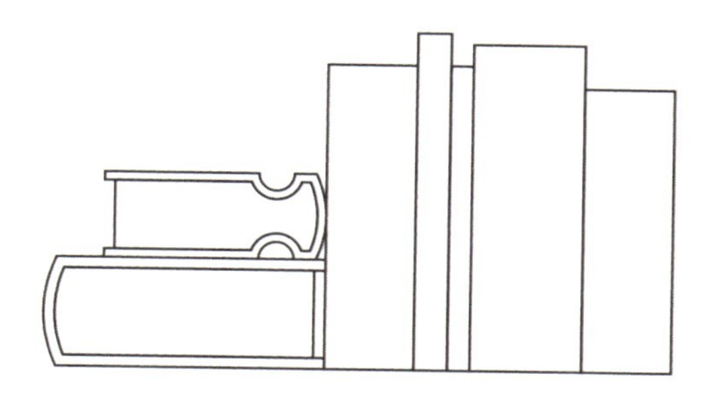

图 4-4-20　摆放组合

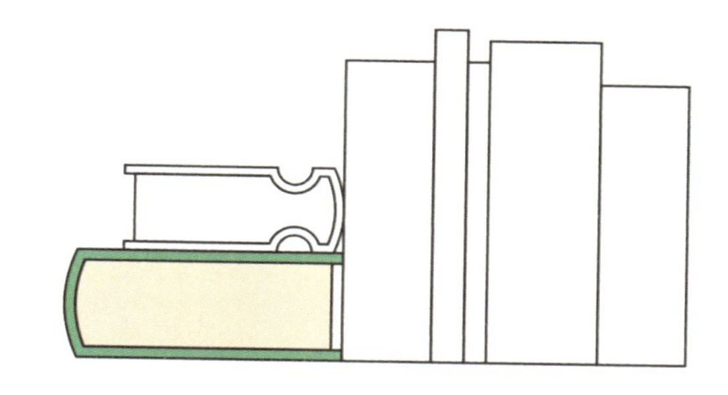

图 4-4-21　对书本一进行上色

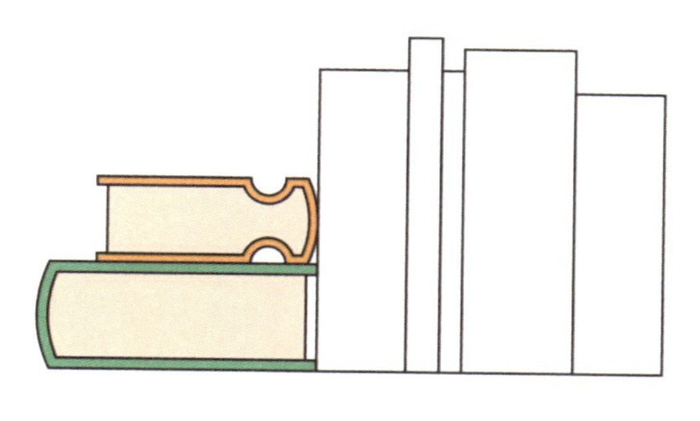

图 4-4-22　对书本二进行上色

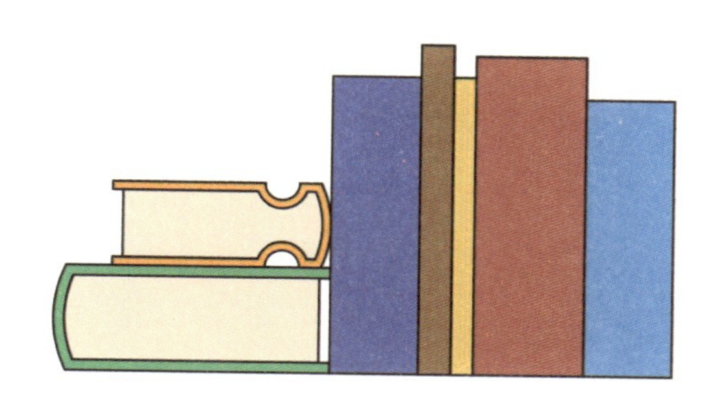

图 4-4-23　对右侧五本书籍进行上色

⑥ 增加书籍细节。

使用矩形工具绘制不同矩形添加到右侧书籍中，矩形色彩填充分别为 C6、M13、Y20、K0，C4、M69、Y52、K0，效果如图4-4-24所示。使用钢笔工具画出长短不一的线条，线条宽度为0.75 pt，将线条点缀到书籍中，效果如图 4-4-25 所示。

图 4-4-24　添加不同矩形

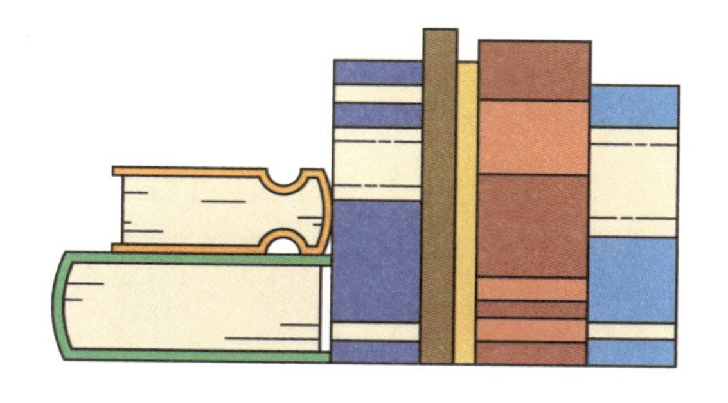

图 4-4-25　添加长短不一的线条

接下来绘制书签。使用矩形工具绘制一个宽 10 pt、高 13 pt 的矩形，使用钢笔工具在矩形下面的边上添加一个锚点，如图 4-4-26 所示，使用直接选择工具选择添加的锚点并向上拖曳，完成书签的形状，如图 4-4-27 所示，然后将书签颜色填充为 C21、M94、Y60、K0，如图 4-4-28 所示，完成书签的绘制。最后输入文字“AI”，完成细节装饰，最终效果如图 4-4-29 所示。

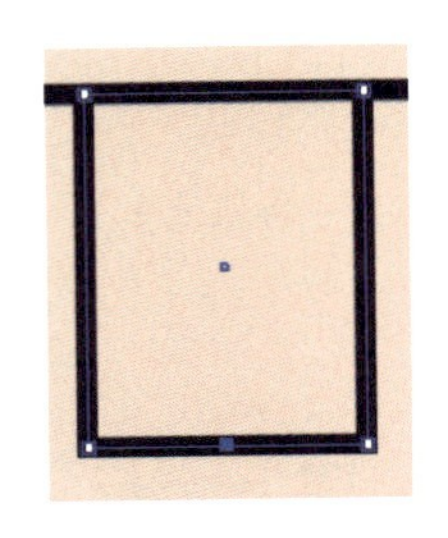

图 4-4-26　绘制矩形

图 4-4-27　添加锚点并向上拖曳

图 4-4-28　填充颜色

图 4-4-29　输入文字，完成细节装饰

4.4.3　实例操作小结

本案例中主要运用的工具和命令有选择工具、矩形工具、椭圆工具、直接选择工具、形状生成器工具、偏移路径工具、【颜色】命令等。

在本实例操作过程中，要熟练掌握 Adobe Illustrator 绘图工具的操作。使用矩形工具、椭圆工具等可以绘制书籍的基本形状，如书脊、封面和页面；使用画笔工具、文本工具和形状工具，可以创建书籍的封面、插图和其他元素；使用偏移路径工具，可以创建书籍的边缘和装饰线，使其看起来更加真实和立体，它是平面书籍绘制过程中为文本和图形强化视觉效果的关键工具。

4.5 海报绘制

4.5.1 音乐节海报绘制

4.5.1.1 效果展示

本案例是音乐节海报的制作，最终效果如图 4-5-1 所示。

图 4-5-1　音乐节海报

4.5.1.2 制作步骤

① 新建文档。

选择【文件】/【新建】命令（或按“Ctrl+N”键），新建一个文件。在弹出的【新建文档】对话框中将文件名称设为“音乐海报”，画板大小为 297 mm×420 mm，根据需要设置其他选项，单击【创建】按钮，建立一个新的工作页面。

② 制作海报背景。

首先填充一个背景颜色，色值为 C85、M75、Y0、K0，效果如图 4-5-2 所示。

③ 绘制音乐图标。

选取钢笔工具，在页面中拖曳鼠标，绘制一个音乐图标的大致形状。使用直接选择工具调整锚点，填充白色，效果如图 4-5-3 所示。

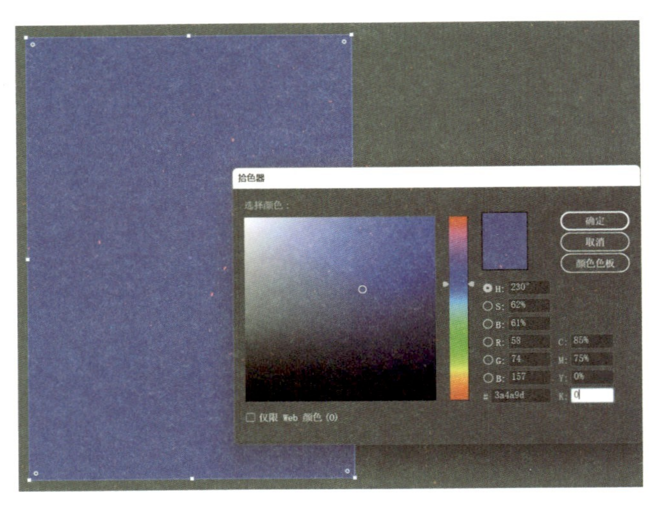

图 4-5-2　填充背景颜色

图 4-5-3　绘制音乐图标

④ 添加文字。

使用文字工具添加海报文字信息，效果如图 4-5-4 所示。

⑤ 制作海报立体文字。

利用文字工具输入需要添加的文字信息，选择【效果】/【3D 和材质】/【3D（经典）】/【凸出和斜角（经典）】，如图 4-5-5 所示。调整参数如图 4-5-6 所示。最后得到效果如图 4-5-7 所示。

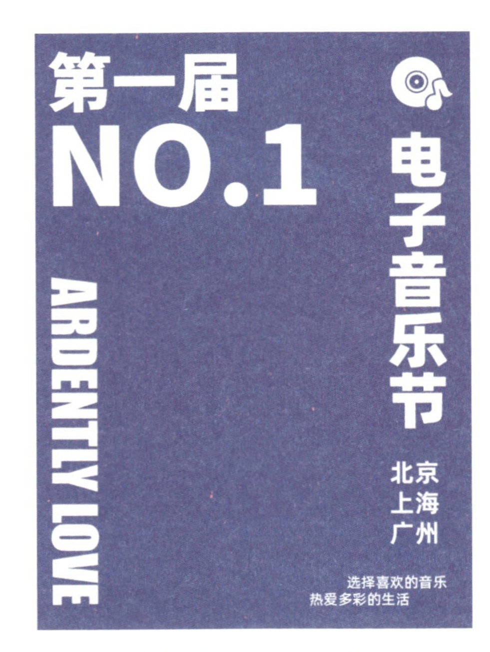

图 4-5-4　添加文字

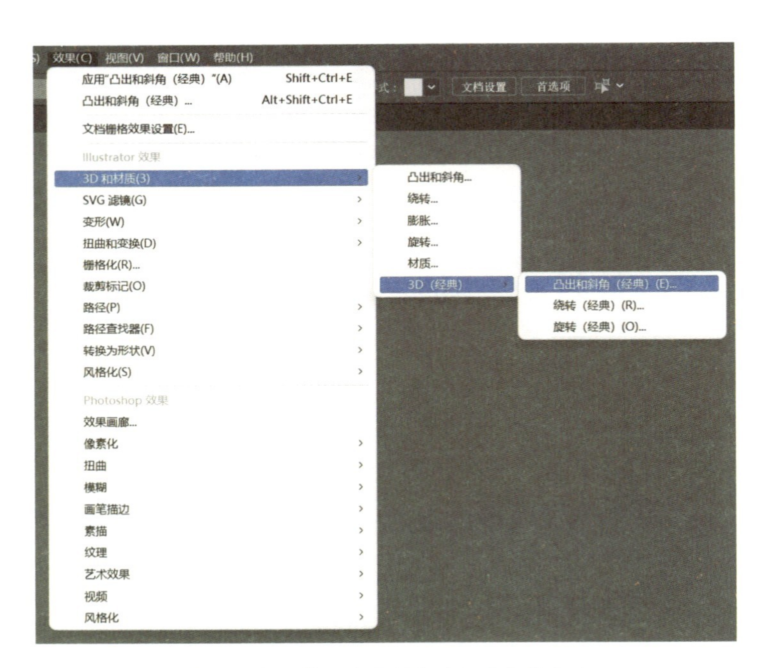

图 4-5-5　【凸出和斜角（经典）】命令

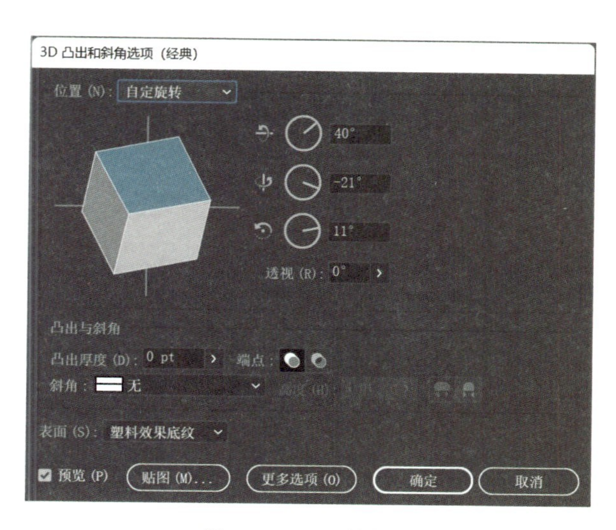

图 4-5-6　调整参数

图 4-5-7　文字效果

将处理好的文字向下复制一份并置于下一层，改变色值为 C0、M67、Y79、K0，效果如图 4-5-8 所示。

选中两个部分的文字信息，选择【对象】/【混合】/【建立】命令，如图 4-5-9 所示。

在【混合选项】对话框中设置【间距】为“指定的步数”，数值为“4”，得到效果如图 4-5-10 所示。

图 4-5-8　复制一份文字并改变色值

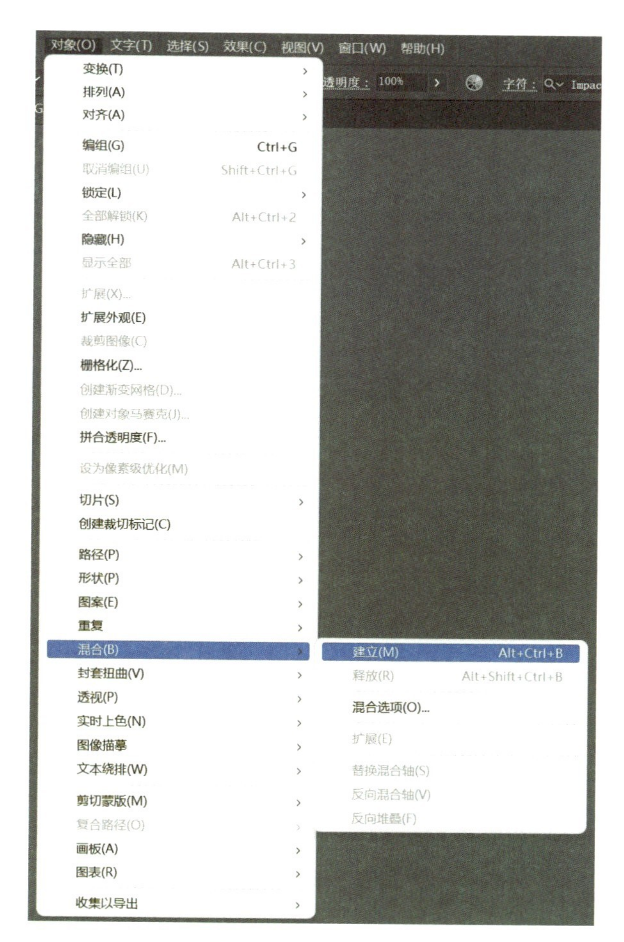

图 4-5-9　建立混合

图 4-5-10　设置混合参数，得到立体文字效果

⑥ 制作其他立体文字效果。

将其他文字信息重复步骤⑤，完成立体文字效果制作，如图 4-5-11 所示。

⑦ 完成排版。

将制作完成的素材移动到相应位置，完成音乐海报的制作，最终效果如图 4-5-12 所示。

图 4-5-11　制作其他立体文字效果

图 4-5-12　完成排版

4.5.1.3　实例操作小结

本案例中主要运用的工具和命令有选择工具、钢笔工具、直接选择工具、文字工具、【3D 和材质】命令、【混合】命令等。

在这个实例操作过程中，首先要注意主题海报设计的要求，注意颜色与字体对海报设计所带来的视觉影响；其次要熟练掌握钢笔工具的使用。

4.5.2 科技感海报绘制

微视频：科技感海报

4.5.2.1 效果展示

这是一张科技感的海报设计，运用了一些重复的渐变线条，比较适用于制作一些科技类型的设计，不同的线条重复会达到不同的效果，可以多去尝试其他组合。最终效果如图 4-5-13 所示。

图 4-5-13 科技感海报

4.5.2.2 制作步骤

① 新建文件。

选择【文件】/【新建】命令（或按“Ctrl+N”键），新建一个文件。在弹出的【新建文档】对话框中将文件名称设为“科技海报”，根据需要设置其他选项，单击【创建】按钮，建立一个新的工作页面。

② 绘制海报元素。

选取椭圆工具，绘制一个直径为 300 pt 的正圆，如图 4-5-14 所示。再绘制两个直径为 200 pt 的正圆，分别与大正圆的左上方和左下方对齐，如图 4-5-15 所示。使用钢笔工具绘制两条交叉的十字线，与大正圆居中对齐，便于后面准确定位旋转的轴心，如图 4-5-16 所示。将三个正圆选中，选取形状生成器工具，按住鼠标左键不放，在图形中拖动，得到想要的图形，如图 4-5-17 所示，保留生成的图形与十字轴线，其他多余部分可以删除，如图 4-5-18 所示。

图 4-5-14　绘制一个大的正圆

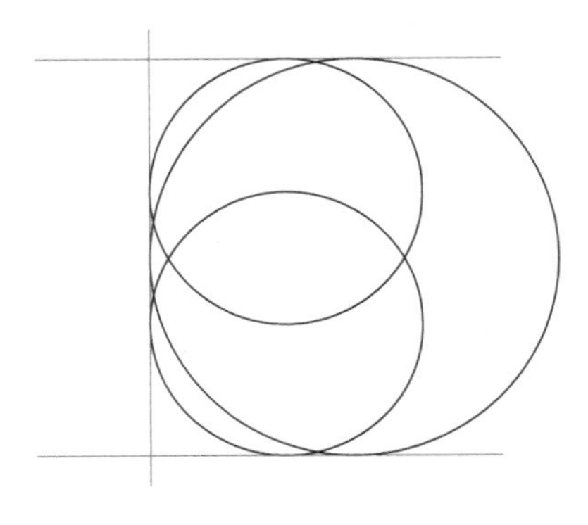

图 4-5-15　绘制两个小的正圆并对齐

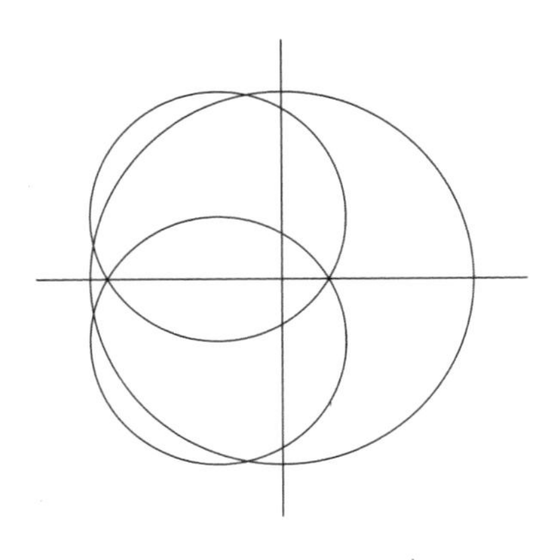

图 4-5-16　绘制十字线

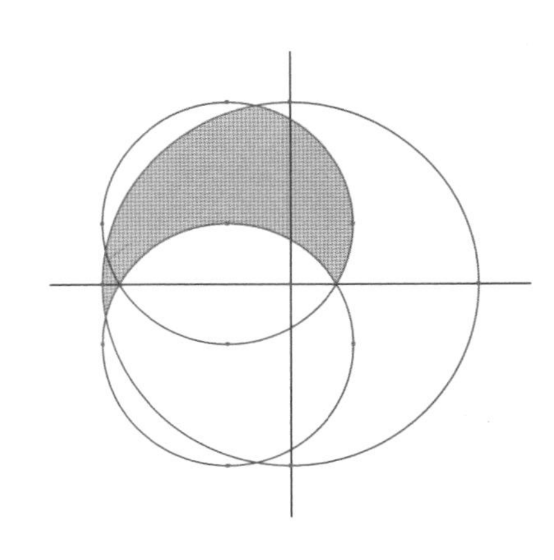

图 4-5-17　生成想要的图形

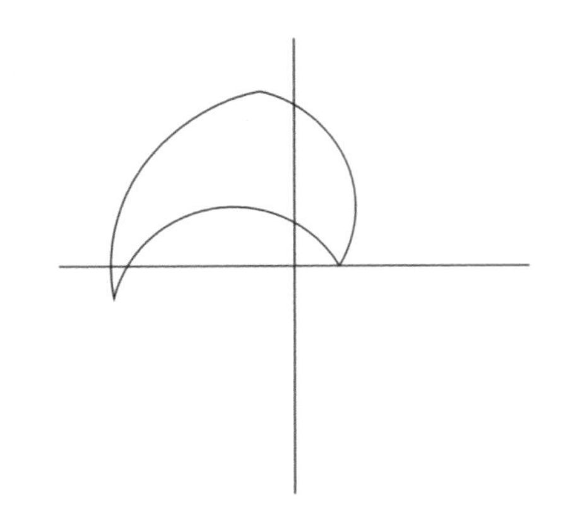

图 4-5-18　删除多余部分

使用快捷键 C 调出剪刀工具，使用剪刀工具在图形右下角锚点处点击一下，将图形剪开，使其变成两条线段，如图 4-5-19 所示。选择剪开的两条线段，在菜单栏中选择【对象】/【混合】/【建立】，使其混合，如图 4-5-20 所示，在【对象】/【混合】/【混合选项】中设置参数，【间距】为指定的步数——15 步，【取向】为对齐路径，如图 4-5-21 所示。选择混合后的图形，在【对象】/【扩展】选项中把参数都勾选上，如图 4-5-22 所示，选中扩展好的线条，按快捷键 R 选择旋转工具，按住 Alt 键再点击十字轴线的中心，如图 4-5-23 所示，设置旋转角度为 90° ，点击【复制】，如图 4-5-24 所示，得到图形如图 4-5-25 所示。选中复制后的图形，使用快捷键“Ctrl + D”重复上一步操作，两次复制后得到完整的旋转图形，如图 4-5-26 所示。

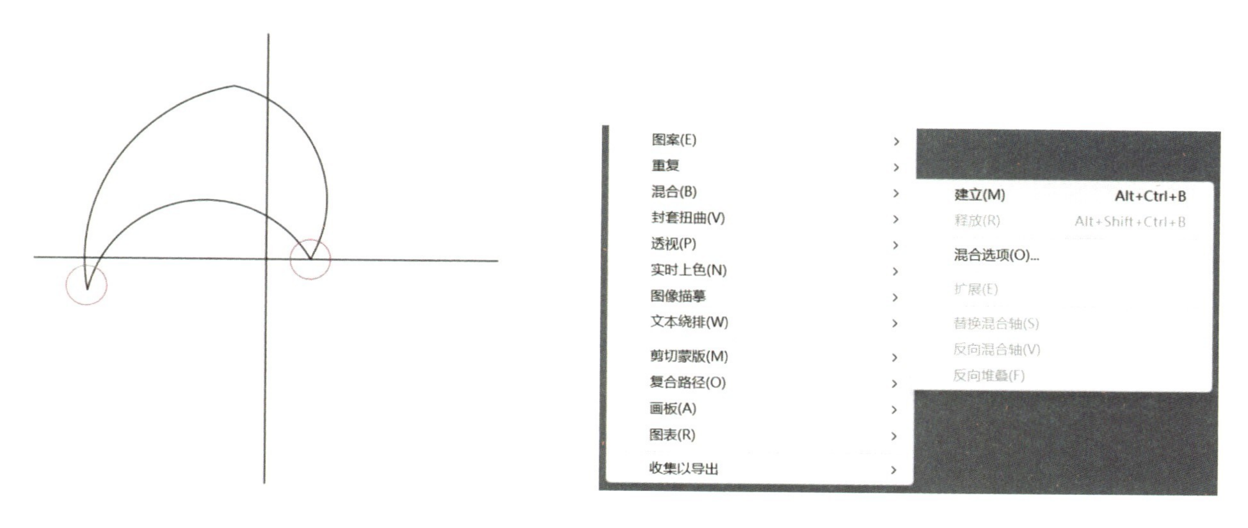

图 4-5-19　用剪刀工具将图形剪开

图 4-5-20　建立混合

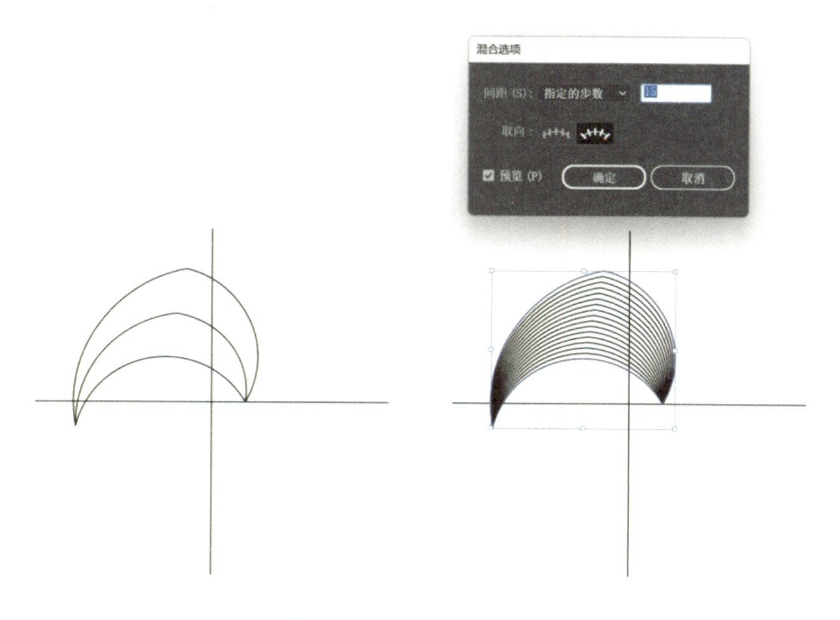

图 4-5-21　设置混合参数

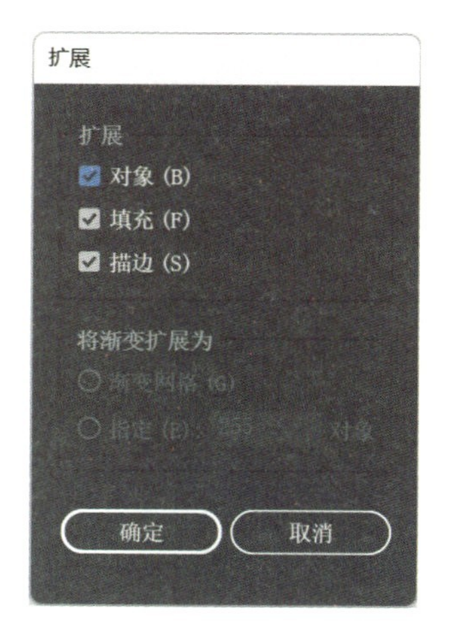

图 4-5-22　【扩展】选项

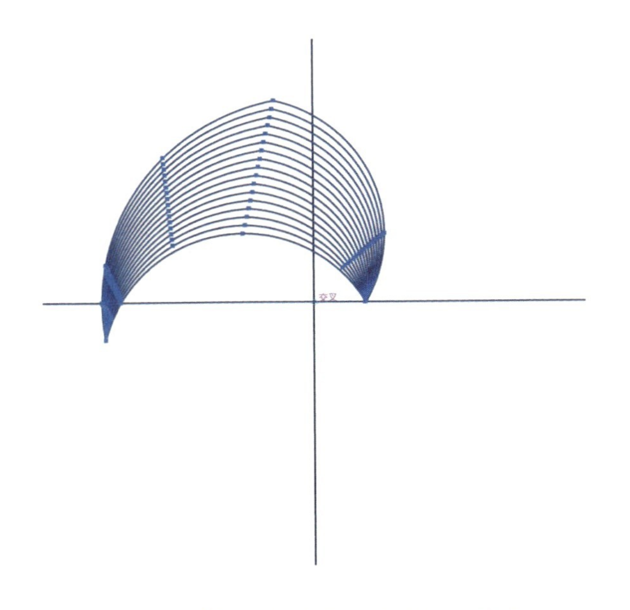

图 4-5-23　选中扩展好的线条进行旋转

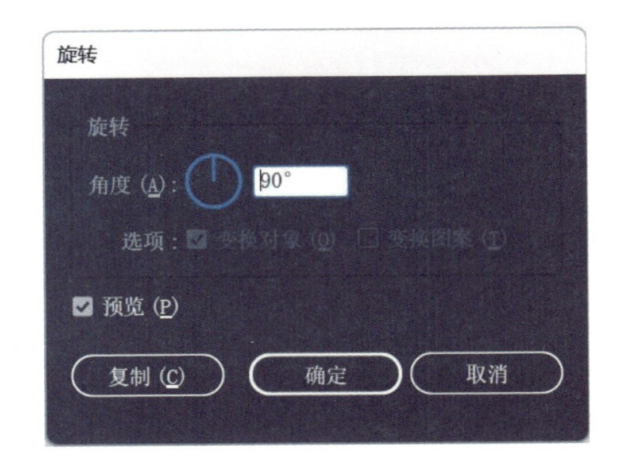

图 4-5-24　设置旋转角度并复制

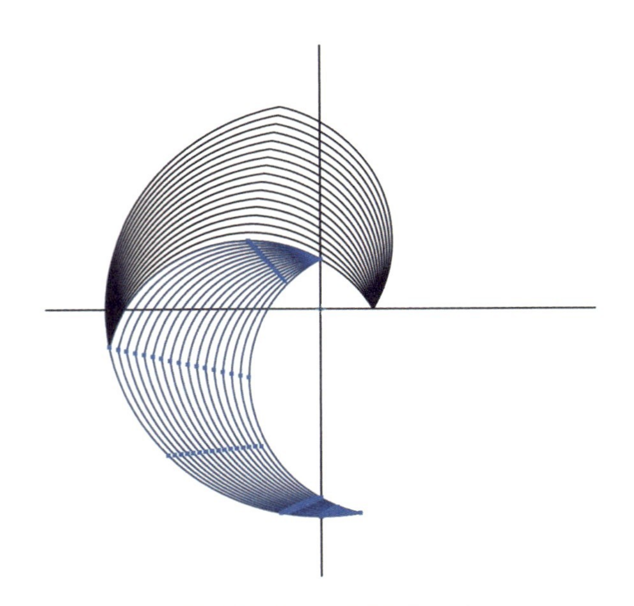

图 4-5-25　旋转复制后效果

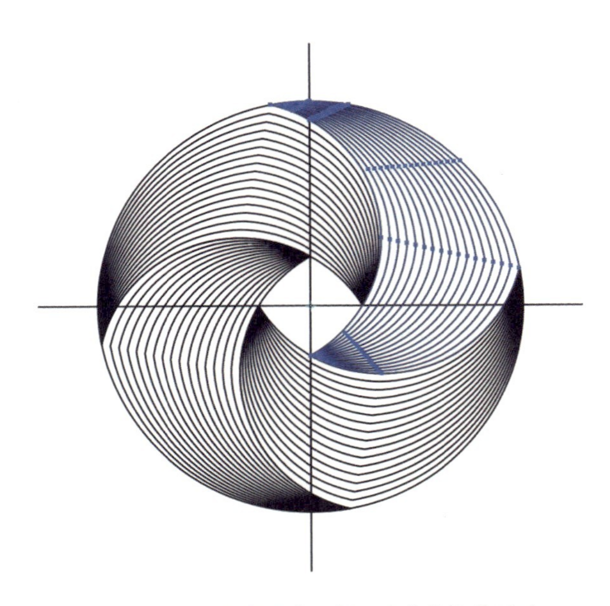

图 4-5-26　重复两次，得到完整的旋转图形

③ 绘制海报底图。

使用矩形工具绘制一个宽 300 pt、高 550 pt 的矩形，色彩填充为 C100、M97、Y58、K40，作为海报的底，如图 4-5-27 所示。将步骤②绘制好的图形放在矩形上面并缩放至合适大小，描边填充为渐变色彩（C36、M42、Y0、K0，C57、M67、Y0、K0），效果如图 4-5-28 所示。使用

椭圆工具绘制一个正圆，直径为 200 pt，色彩填充为 C100、M97、Y58、K40；使用椭圆工具再绘制一个正圆，直径为 300 pt，色彩填充为 C100、M97、Y58、K40，不透明度调整为 60%，如图 4-5-29 所示。将绘制好的圆形与科技线条居中对齐，如图 4-5-30 所示，对齐之后将绘制的两个正圆与科技线条编组。

选择海报的底色矩形，按快捷键“Ctrl+C”复制，“Ctrl+F”原位粘贴，选择粘贴好的矩形，点击鼠标右键选择【排列】/【置于顶层】，如图 4-5-31 所示；选择顶层的矩形，再选择编组后的科技线条，按快捷键“Ctrl+7”，建立剪切蒙版，得到图形如图 4-5-32 所示。至此，完成科技海报的底图制作。

图 4-5-27　绘制矩形并填色

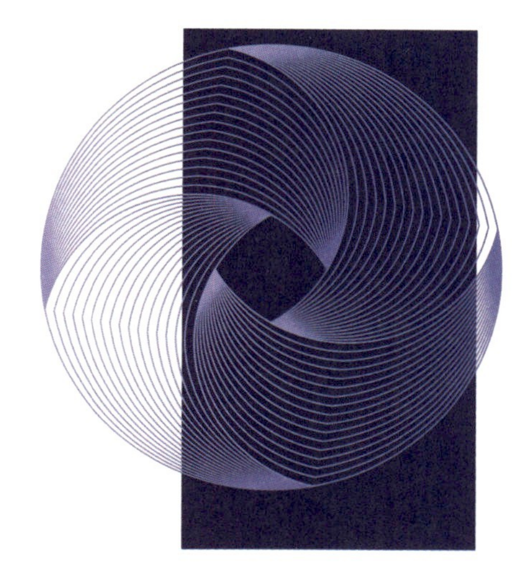

图 4-5-28　将图形放置在矩形上并缩放，设置描边为渐变色彩

图 4-5-29　绘制两个正圆并填色

图 4-5-30　将圆形与线条居中对齐

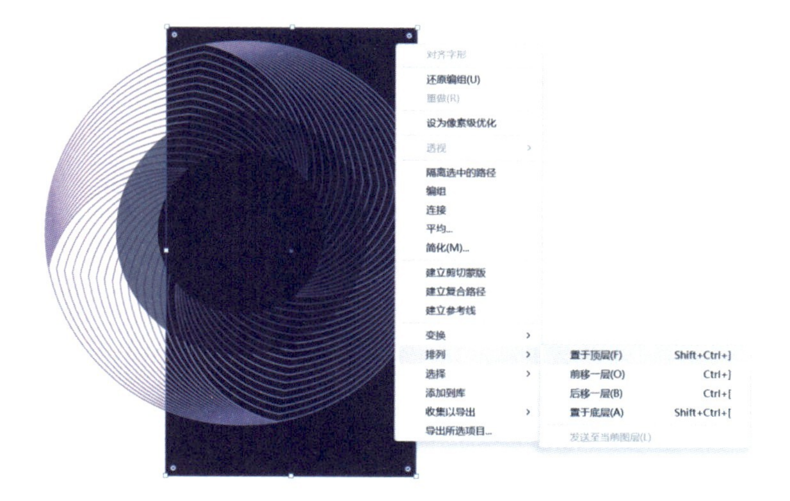

图 4-5-31　将粘贴的矩形置于顶层

④ 添加文字信息。

选择文字工具，输入“AI Technology Exhibition”“人工智能科技展”“再一次 触摸未来”以及时间、地点等文字信息，设置适当的中英文字体、字号、颜色，并放置在合适位置，如图4-5-33所示。

图 4-5-32 建立剪切蒙版后效果

图 4-5-33 添加文字并排版，得到最终效果

4.5.2.3 实例操作小结

本案例中主要运用的工具和命令有矩形工具、直接选择工具、渐变工具、文字工具、扩展工具、形状生成器工具、【混合】命令、【颜色】命令等。

通过本实例的操作，首先应了解绘制的线条，设置不同的旋转角度会有不同的组合效果，同学们可以多去尝试其他角度；其次，要熟练运用剪刀工具对图形进行切割，使用扩展工具在图形中创建自定义形状、线条和效果；再次，灵活运用形状生成器工具，对路径之间的关系进行处理，可以得到比较复杂的图形；最后，对文字进行排版，注意版面的整洁、美观，要清晰易读。

4.6 插画绘制

4.6.1 桌面插画绘制

4.6.1.1 效果展示

制作桌面插画，主要分为三个部分——背景、桌面、背景装饰，接下来我们就从各个部分来讲解这个案例。插画最终效果如图 4-6-1 所示。

图 4-6-1　桌面插画最终效果

4.6.1.2 制作步骤

① 新建文档。

选择【文件】/【新建】命令（或按“Ctrl+N”键），新建一个文件。在弹出的【新建文档】对话框中将文件名称设为“桌面插画”，尺寸为 A4，根据需要设置其他选项，单击【创建】按钮，建立一个新的工作页面。

② 绘制墙壁。

利用矩形工具依次绘制出两个色块，其中墙壁色为 C4、M24、Y54、K0，桌面色为 C59、M9、Y13、K0，将墙壁色块（C4、M24、Y54、K0）放置在下方，如图 4-6-2 所示。

③ 绘制背景。

利用椭圆工具绘制两个正圆，使用钢笔工具绘制一个图形，同时把它放置在背景上面，如图 4-6-3 所示。将底图复制一个，单击右键，选择【排列】/【置于顶层】，如图 4-6-4 所示。

将复制后置于顶层的图层选中，再选择绘制的两个矩形和不规则色块，单击右键，选择“建立剪切蒙版”，如图 4-6-5 所示，得到插画背景，如图 4-6-6 所示。

④ 绘制墙面画框。

利用矩形工具绘制画框框架，分别填充颜色为 C12、M37、Y50、K0，C6、M47、Y27、K0，描边填充颜色为 C50、M70、Y100、K20，如图 4-6-7 所示。绘制两个矩形，填充颜色为 C12、M37、Y50、K0，在【透明度】面板修改图层模式，暗部部分修改为正片叠底，如图 4-6-8 所示。亮部部分修改为滤色，如图 4-6-9 所示。

图 4-6-2　绘制背景

图 4-6-3　背景造型

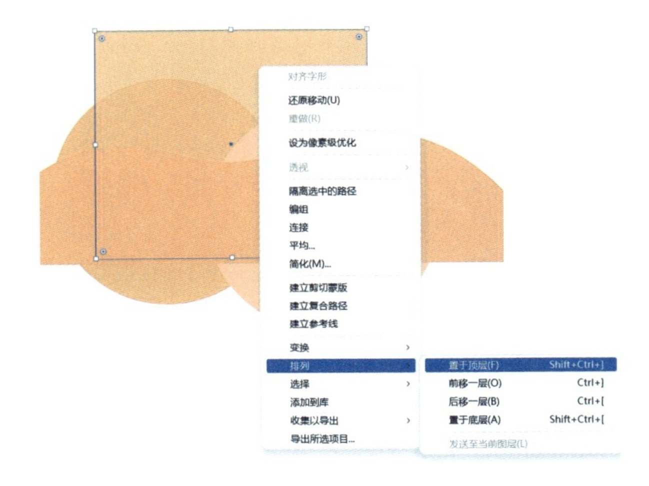

图 4-6-4　排列图层位置

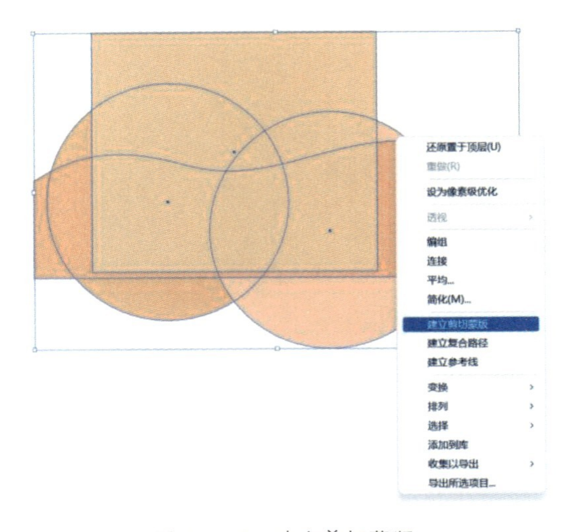

图 4-6-5　建立剪切蒙版

图 4-6-6 背景绘制完成

图 4-6-7 造型框架

图 4-6-8 正片叠底效果

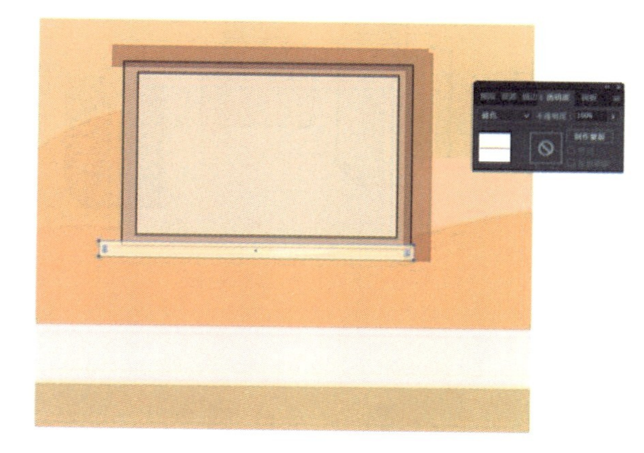

图 4-6-9 滤色效果

将画框底部原位复制粘贴一个（先按“Ctrl+C”键，再按“Ctrl+F”键），位置调整到图层最上方（按“Shift+Ctrl+]”键），选择暗部和亮部两个矩形建立剪切蒙版，效果如图4-6-10所示。

绘制画框中贴纸内容。使用矩形工具绘制出大小不等的矩形，增加适当圆角，将光标放置在控制圆角的圆点处，按住Alt键可以修改圆角类型，将其中一个圆角类型修改为直线，如图4-6-11所示。绘制其他贴纸，效果如图4-6-12所示。在绘制好的贴纸上添加细节，绘制直线并添加上去，效果如图4-6-13所示。将绘制好的贴纸放置到合适位置并进行适当修改和设置，如图4-6-14所示。

图 4-6-10　绘制亮部、暗部

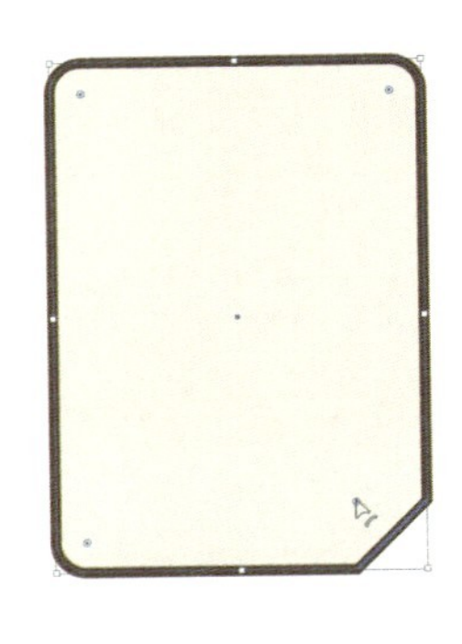

图 4-6-11　绘制矩形并调整圆角

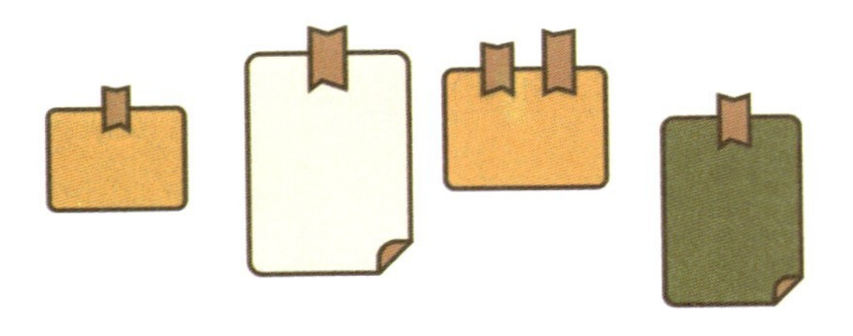

图 4-6-12　绘制其他贴纸

图 4-6-13　贴纸绘制完成

图 4-6-14　放置贴纸位置

⑤ 绘制手套。

绘制三个矩形并调整圆角，如图 4-6-15 所示，得到手套外形。将手套部分两个图像合并，并绘制一些正圆作为手套装饰图案，将合并后的手套图像复制一层移动到最上方，选择绘制好的正圆添加剪切蒙版，手套外形绘制完成，添加手套绳子后效果如图 4-6-16 所示。将绘制好的手套放置在画框中，如图 4-6-17 所示。

图 4-6-15 绘制手套外形

图 4-6-16 手套绘制完成

图 4-6-17 放置手套位置

⑥ 桌面内容。

利用矩形工具绘制出牛奶盒外形，分别填充由浅到深的颜色使其更加立体，如图4-6-18所示。绘制矩形，添加暗部细节，添加正圆放置在包装盒上以增加插画细节，效果如图 4-6-19 所示。

图 4-6-18 绘制牛奶盒外形

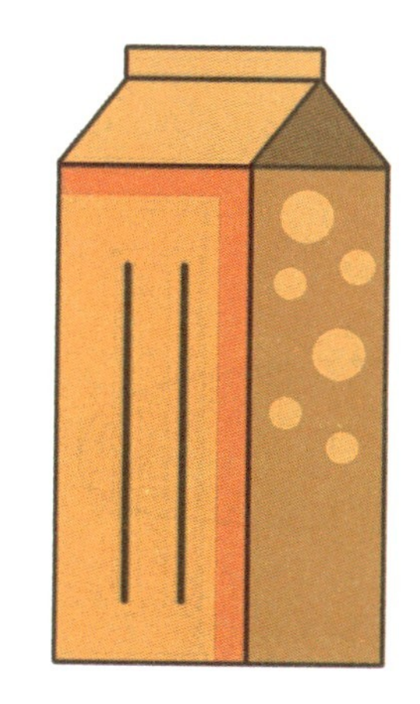

图 4-6-19 添加细节，牛奶盒绘制完成

利用矩形工具绘制出杯子外形，如图 4-6-20 所示。绘制矩形添加暗部细节，用钢笔工具绘制图形以增加插画细节，效果如图 4-6-21 所示。将绘制好的牛奶盒与杯子放置在合适位置，如图 4-6-22 所示。

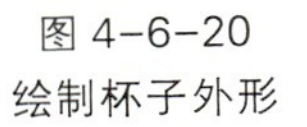

图 4-6-20
绘制杯子外形

图 4-6-21
杯子绘制完成

图 4-6-22　将杯子和牛奶盒放置在合适位置

利用椭圆工具绘制出面包外形，如图 4-6-23 所示。添加暗部、亮部细节，用钢笔工具绘制线条，面包插画效果如图 4-6-24 所示。使用矩形工具绘制盘子，将绘制好的面包放在盘子上方，完成后放置到合适位置，如图 4-6-25 所示。

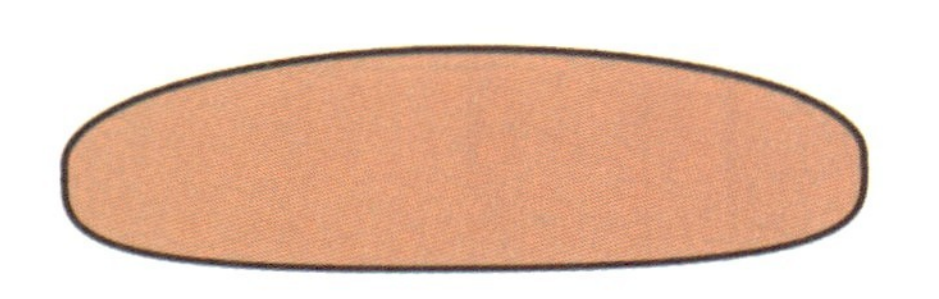

图 4-6-23　绘制面包外形

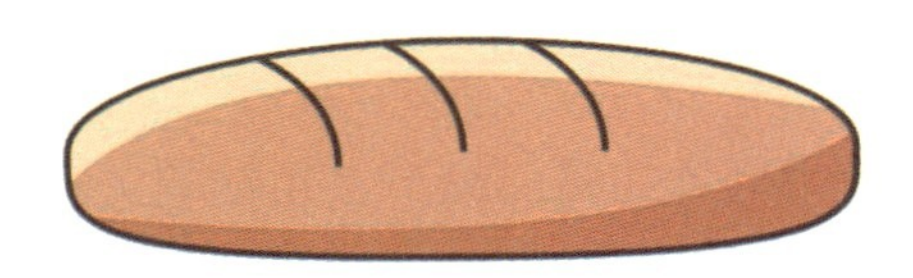

图 4-6-24　添加面包细节

图 4-6-25　将面包和盘子放置到合适位置

利用矩形工具和钢笔工具绘制花盆和树枝外形，如图 4-6-26 所示。将花盆添加亮部、暗部和其他细节，完成花盆的绘制，最后将其放置在合适位置，效果如图 4-6-27 所示。

图 4-6-26　绘制花盆和树枝外形

图 4-6-27　将花盆放置在合适位置

至此，插画物品部分已经绘制完成，接下来在物品的底部添加投影，在其他位置添加正圆、小星星等细节，增加画面的氛围感，完成最终的插画绘制。最终效果如图4-6-28所示。

图 4-6-28　完善细节

4.6.1.3　实例操作小结

本案例中主要运用的工具和命令有矩形工具、钢笔工具、椭圆工具、【颜色】命令、【剪切蒙版】命令、“Shift+Ctrl+[”或“Shift+Ctrl+]”键等。

本实例属于插画入门级的案例，在整个案例的创作中要注意图像各个元素的前后顺序并能快速地调整，利用【建立剪切蒙版】造型是案例的难点，需要多加练习。

4.6.2 汽车插画绘制

4.6.2.1 效果展示

汽车插画主要分为三个部分：地面、背景和汽车。下面我们就从各个部分来讲解这个案例的制作。插画最终效果如图 4-6-29 所示。

图 4-6-29 汽车插画最终效果

4.6.2.2 制作步骤

① 新建文档。

选择【文件】/【新建】命令（或按“Ctrl+N”键），新建一个文件。在弹出的【新建文档】对话框中将文件名称设为“汽车插画”，根据需要设置其他选项，单击【创建】按钮，建立一个新的工作页面。

② 绘制背景。

使用矩形工具绘制一个矩形，宽为 500 pt，高为 350 pt，填充渐变颜色（C80、M50、Y0、K0，C53、M5、Y0、K0），效果如图 4-6-30 所示。

③ 绘制地面。

使用矩形工具依次绘制三个矩形，第一个为宽 500 pt、高 80 pt，色彩填充为 C33、M11、Y20、K0；第二个为宽 500 pt、高 20 pt，色彩填充为 C75、M62、Y62、K15；第三个为宽 500 pt、高 30 pt，色彩填充为 C12、M13、Y69、K0，效果如图 4-6-31 所示。

接下来绘制马路虚线。使用钢笔工具绘制一条直线，长度为 500 pt，将绘制好的直线置于马路中间，描边设置为 12 pt，色值为 C61、M46、Y47、K0，如图 4-6-32 所示。在【外观】选项中点击【描边】，将【虚线】勾选上，数值设置为 50 pt，如图 4-6-33 所示。得到绘制好的马路，如图 4-6-34 所示。

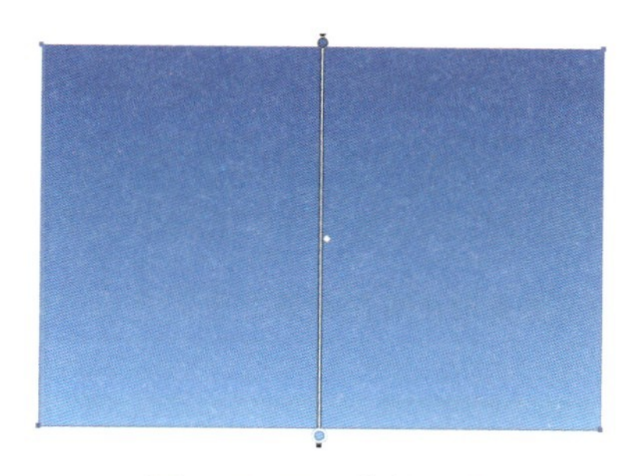

图 4-6-30　绘制背景

图 4-6-31　绘制三个矩形并填充色彩

图 4-6-32　绘制一条直线并设置描边

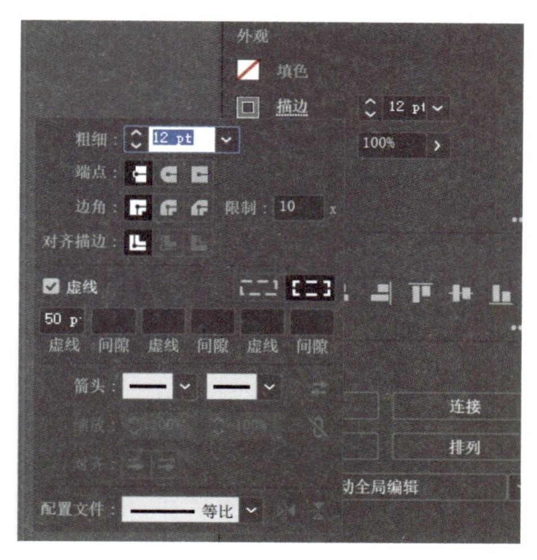

图 4-6-33　【外观】选项

图 4-6-34　马路虚线效果

④ 绘制背景。

绘制草地。使用钢笔工具绘制草地形状，色彩填充分别为 C24、M7、Y84、K0，C56、M0、Y92、K0，如图 4-6-35 所示。将绘制好的图形依次放在背景上面马路之后，如图 4-6-36 所示。

绘制雪山。使用钢笔工具绘制雪山的轮廓，色彩填充分别为 C64、M20、Y0、K0，C73、M37、Y0、K0，如图 4-6-37 所示。然后绘制雪山的亮面与暗面，亮面色彩填充为 C7、M0、Y6、K0，暗面色彩填充为 C80、M47、Y0、K0，如图 4-6-38 所示。最后将绘制好的雪山放置在背景上面草地之后，如图 4-6-39 所示。

图 4-6-35　绘制草地

图 4-6-36　将草地放置在背景上面

图 4-6-37　绘制雪山轮廓并填充色彩

图 4-6-38　绘制雪山的亮面与暗面

图 4-6-39　将雪山放置在背景上面

最后是云朵的绘制。使用圆角矩形工具绘制一个宽 70 pt、高 20 pt 的圆角矩形，使用椭圆工具绘制两个正圆，直径分别为 30 pt、40 pt，色彩填充为 C7、M0、Y6、K0，如图 4-6-40 所示。将绘制好的图形组合成云朵形状，效果如图 4-6-41 所示。使用相同的方式可以绘制出其他不同的云朵图形，如图 4-6-42 所示。

图 4-6-40 绘制圆角矩形和正圆

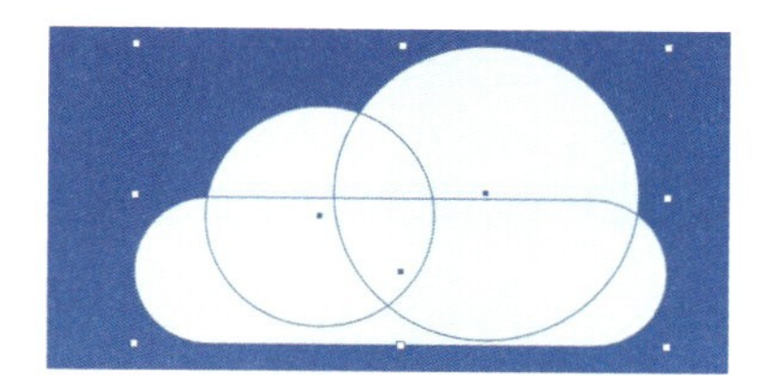

图 4-6-41 组合成云朵形状

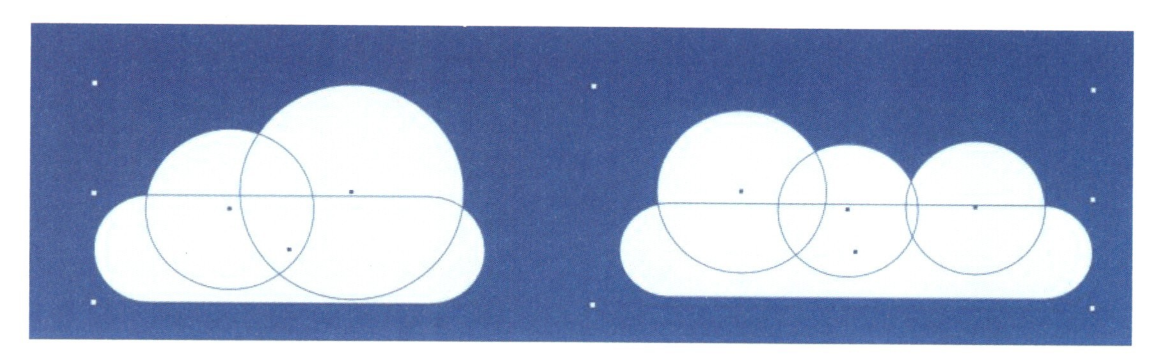

图 4-6-42 绘制其他不同的云朵图形

使用右侧属性栏中的【路径查找器】将绘制好的云朵图形进行拼合，如图 4-6-43 所示，方便制作接下来的投影部分。选择拼合后的云朵，按住 Alt 键，拖动鼠标左键向左上方移动，复制一个云朵，如图 4-6-44 所示。选中底下的云朵，使用快捷键“Ctrl + C”复制，“Ctrl + F”原位粘贴，选中复制后的云朵和左上方的云朵，点击【路径查找器】面板中【减去顶层】选项，如图 4-6-45 所示，得到云朵的投影部分，将投影部分的色彩填充为 C13、M10、Y10、K0，完成云朵的整体制作，效果如图 4-6-46 所示。按照以上步骤完成其他云朵的制作，之后将其放置在蓝色背景上，如图 4-6-47 所示，完成插画背景的绘制。

图 4-6-43 使用【路径查找器】将云朵图形进行拼合

图 4-6-44　复制一个云朵

图 4-6-45　【减去顶层】选项

图 4-6-46　云朵的整体效果

图 4-6-47　添加其他云朵，完成插画背景的绘制

⑤ 绘制汽车。

绘制汽车外侧轮胎。用椭圆工具绘制两个正圆，直径为 60 pt，色彩填充分别为 C0、M45、Y88、K0，C0、M70、Y83、K0，如图 4-6-48 所示。使用矩形工具绘制一个宽 20 pt、高 60 pt 的矩形，放在两个正圆中间，完成轮胎的外轮廓，如图 4-6-49 所示。再绘制三个正圆，直径分别为 40 pt、20 pt、10 pt，色彩填充分别为 C55、M0、Y48、K0，C0、M70、Y83、K0，C0、M0、Y0、K0，如图 4-6-50 所示。将绘制好的三个正圆居中对齐到轮胎的中心，如图 4-6-51 所示。

图 4-6-48　绘制两个正圆

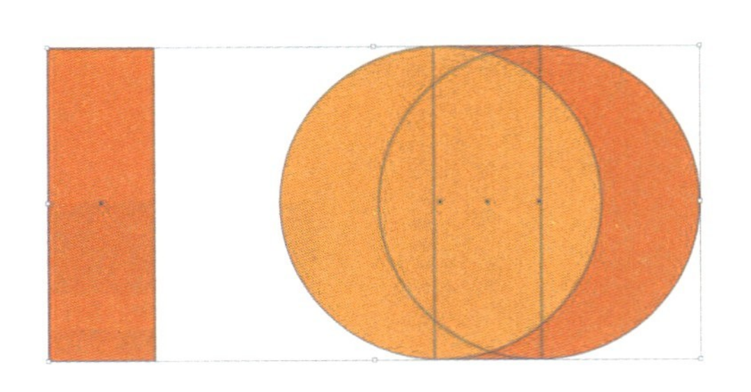

图 4-6-49　绘制一个矩形

图 4-6-50　绘制三个正圆

图 4-6-51　将三个正圆居中对齐到轮胎的中心

绘制两个圆角矩形，一个宽 30 pt、高 15 pt，另一个宽 160 pt、高 10 pt，作为汽车轮胎的承接，使用吸管工具吸取轮胎的颜色，如图 4-6-52 所示。将前面绘制好的后轮复制一个向右移动，完成汽车右侧的轮胎绘制，效果如图 4-6-53 所示。

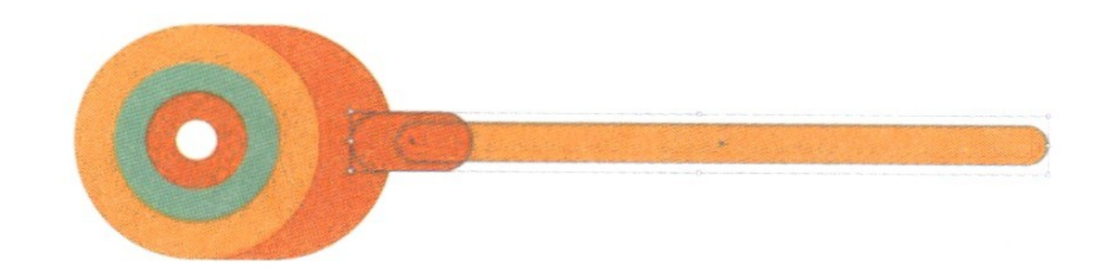

图 4-6-52　绘制两个圆角矩形，吸取轮胎的颜色

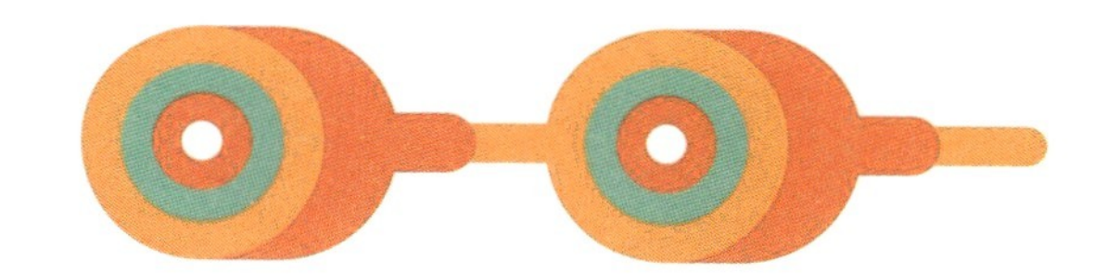

图 4-6-53　将轮胎复制一份，向右移动

绘制汽车内侧轮胎。复制外侧轮胎的外轮廓，再用椭圆工具绘制三个正圆，直径分别为 40 pt、35 pt、30 pt，使用吸管工具吸取轮胎轮廓颜色，如图 4-6-54 所示。将绘制的三个正圆选中，在【对齐】面板中点击【水平右对齐】，如图 4-6-55 所示，然后将这三个正圆编组后放入轮胎中间，效果如图 4-6-56 所示。将完成的内侧轮胎复制一个，适当缩小后放置在外侧轮胎后面，效果如图 4-6-57 所示。

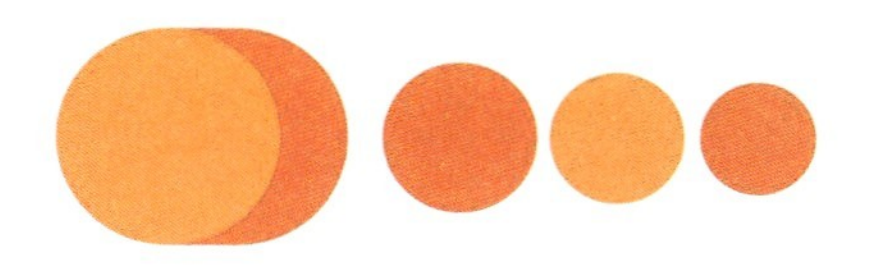

图 4-6-54　复制外侧轮胎的外轮廓，再绘制三个正圆

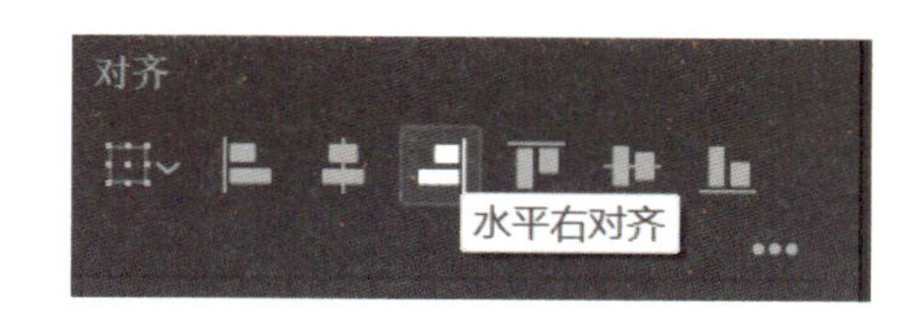

图 4-6-55　【对齐】选项

图 4-6-56
内侧轮胎效果

图 4-6-57　汽车内侧、外侧轮胎组合效果

然后绘制轮胎与车身连接的横杠。使用圆角矩形绘制一个宽 60 pt、高 10 pt 的圆角矩形，如图 4-6-58 所示，将圆角矩形复制一个，填充色彩分别吸取轮胎的颜色。使用旋转工具，一个旋转 45°，另一个旋转 -45°，如图 4-6-59 所示。将旋转的图形再复制一份，将得到的图形放置在轮胎外侧与内侧的中间，如图 4-6-60 所示，完成轮胎的绘制。

图 4-6-58　绘制圆角矩形　　图 4-6-59　复制一个并旋转　　图 4-6-60　轮胎的完整效果

接下来绘制车身。使用矩形工具绘制一个矩形，色彩填充为 C2、M25、Y60、K0，选中矩形右下角的锚点，向右拖动，制作车身底部形状，然后将四个角设置倒角为 5 pt，使其圆滑，如图 4-6-61 所示。使用矩形工具绘制一个宽 300 pt、高 30 pt 的矩形，放置在上方，如图 4-6-62 所示，将绘制的两个形状选中，在【路径查找器】面板中选择【分割】选项，对图形进行分割，如图 4-6-63 所示，然后将多余的图形删除，得到图形如图 4-6-64 所示。

图 4-6-61　制作车身底部形状

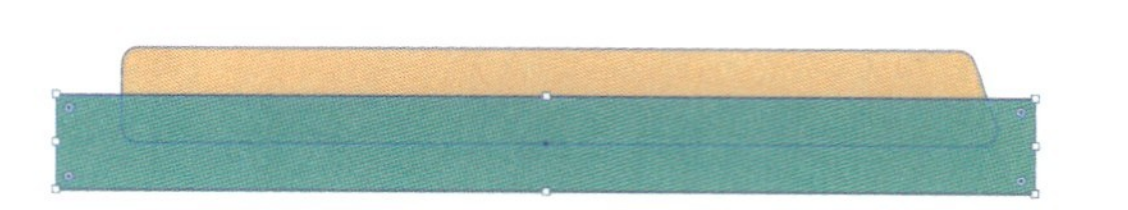

图 4-6-62　绘制一个矩形，放置在上方

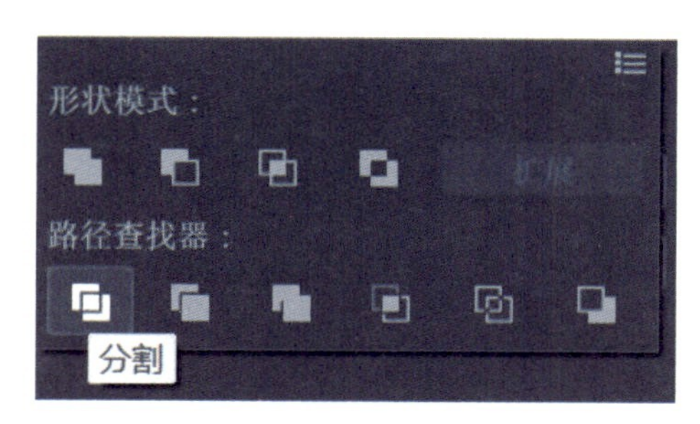

图 4-6-63 【分割】选项

图 4-6-64 对图形进行分割并删除多余部分

使用矩形工具绘制一个矩形，宽为 180 pt，高为 90 pt，使用直接选择工具分别选中下面的两个锚点，往两边拖曳，如图 4-6-65 所示。再绘制一个宽 70 pt、高 20 pt 的矩形，将其变形为不规则形状，如图 4-6-66 所示。绘制车窗部分，用矩形工具绘制三个矩形，分别为宽 25 pt、高 55 pt，宽 65 pt、高 55 pt，宽 55 pt、高 55 pt；色彩填充为 C88、M79、Y0、K0，并对三个矩形进行适当变形，如图 4-6-67 所示。使用椭圆工具绘制两个正圆，用于制作汽车后面的备胎，直径分别为 50 pt、60 pt，如图 4-6-68 所示。将绘制好的图形放置在合适的位置，组合在一起，完成车身轮廓的绘制，如图 4-6-69 所示。

图 4-6-65 绘制矩形并拖曳下面两个锚点

图 4-6-66 绘制矩形并变形为不规则形状

图 4-6-67 绘制车窗部分

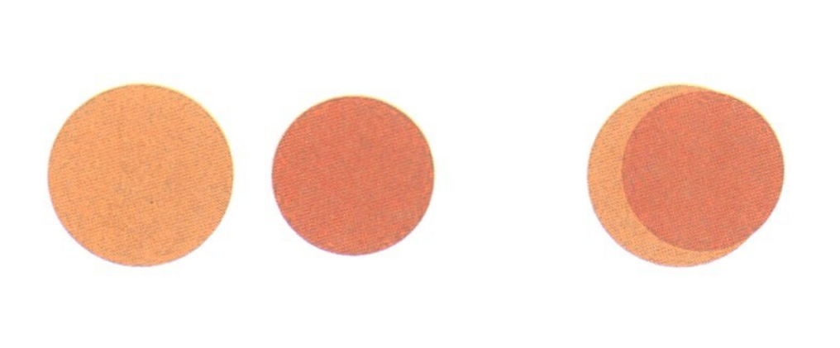

图 4-6-68 制作汽车后面的备胎

图 4-6-69 摆放组合，完成车身轮廓的绘制

绘制汽车其他配件。使用圆角矩形工具绘制四个宽 108 pt、高 6 pt 的圆角矩形，和四个宽 20 pt、高 6 pt 的圆角矩形，将它们组合成车顶框架，如图 4-6-70 所示。再使用椭圆工具绘制两个正圆，直径分别为25 pt、19 pt，将它们居中对齐后，选择外侧的正圆，将左侧锚点选中并向左移动，制作车灯的形状，完成后复制一个，如图 4-6-71 所示。将车灯和框架组合起来，放置在合适位置，如图 4-6-72 所示，最后将其放置在汽车上方，如图 4-6-73 所示。

图 4-6-70　绘制车顶框架　　图 4-6-71　绘制车灯　　图 4-6-72　将车灯和框架组合起来

图 4-6-73　将车灯和框架组合后放置在汽车上方

绘制车身细节。使用钢笔工具随意绘制出一个三角形，将三角形复制两个，放置在车窗上方，如图 4-6-74 所示。按快捷键“Ctrl+C”复制，“Ctrl+F”原位粘贴，将三个车窗复制一份后放置在顶层，然后分别选择对应的三角形建立剪切蒙版，制作车窗的反光，如图 4-6-75 所示。

图 4-6-74 绘制三角形并复制两个

图 4-6-75 建立剪切蒙版，制作车窗的反光

使用矩形工具绘制一个宽 45 pt、高 20 pt 的矩形，通过变形与倒角绘制出车前盖的图形，如图 4-6-76所示，将绘制好的图形放在车盖上方，如图4-6-77所示。按快捷键“Ctrl+C”复制，“Ctrl+F”原位粘贴，将之前绘制的车盖部分复制一份后置于顶层，与后面绘制的车前盖建立剪切蒙版，效果如图 4-6-78 所示。

图 4-6-76 绘制矩形并变形与倒角

图 4-6-77 将图形放在车盖上方

图 4-6-78 建立剪切蒙版后效果

使用圆角矩形工具绘制五个不同大小的圆角矩形，用于增加汽车的细节，如图 4-6-79 所示，可根据自身对车身细节的要求来选择大小合适的形状进行添加，如图 4-6-80 所示。

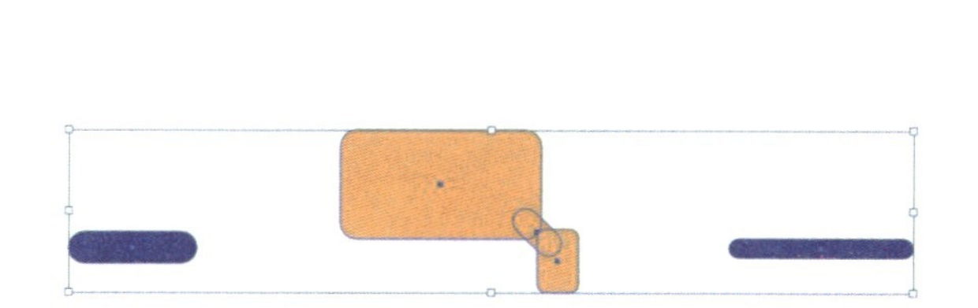

图 4-6-79 绘制五个圆角矩形

图 4-6-80 添加细节

车灯的绘制。使用矩形工具绘制一个宽 68 pt、高 20 pt 的矩形，通过添加锚点、移动、倒角后调整出合适的形状，如图 4-6-81 所示。使用椭圆工具绘制两个直径为 13 pt 的正圆，色彩填充分别为 C9、M4、Y0、K0，C9、M8、Y52、K0，如图 4-6-82 所示。再使用圆角矩形工具绘制三个圆角矩形，宽为 20 pt，高为 2 pt，如图 4-6-83 所示。

图 4-6-81　绘制矩形并调整

图 4-6-82　绘制两个正圆并填色

图 4-6-83　绘制三个圆角矩形

细节优化。使用椭圆工具绘制两个直径为 60 pt 的正圆，将其放置在外侧轮胎上方，选中两个正圆和车盘底座，在【路径查找器】中点击【减去顶层】选项，将车盘底座进行切割，如图 4-6-84 所示，切割完成后如图 4-6-85 所示。在底盘处，使用钢笔工具勾勒出月牙形，如图 4-6-86 所示，复制一个，将它们放置在底盘后面的图层，效果如图 4-6-87 所示。

图 4-6-84　绘制两个正圆，将底盘进行切割

图 4-6-85　切割后效果

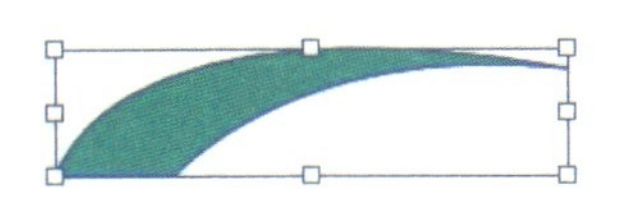

图 4-6-86　绘制月牙形

图 4-6-87　添加月牙形效果

⑥ 增加最终细节。

将绘制好的汽车放置在插画中马路上的合适位置，如图 4-6-88 所示。使用椭圆工具绘制一个宽 280 pt、高 25 pt 的椭圆，色彩填充为 C75、M62、Y62、K15，将其放置在汽车底下，如图 4-6-89 所示。最后在车灯位置绘制两个矩形，填充白色，如图 4-6-90 所示，将不透明度调整为 20%，完成整张插画的绘制，最终效果如图 4-6-91 所示。

图 4-6-88　将汽车放置在马路上

图 4-6-89　绘制汽车底下阴影

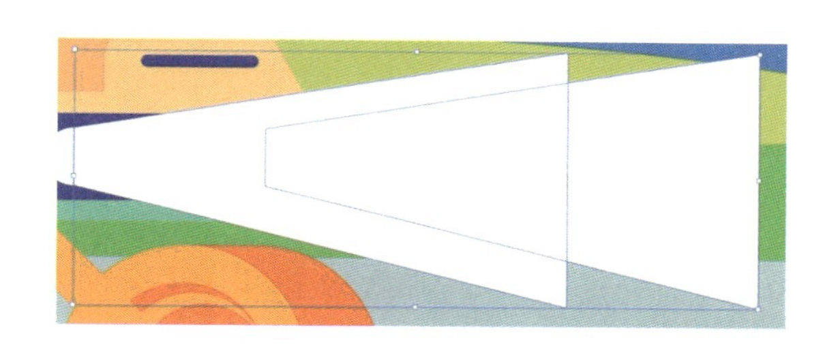

图 4-6-90　绘制两个矩形，填充白色

图 4-6-91　调整矩形的不透明度，完成插画的绘制

4.6.2.3　实例操作小结

本案例中主要运用的工具和命令有钢笔工具、剪切蒙版、图层顺序、“Ctrl＋C”或“Ctrl＋F”组合键、【路径查找器】等。

在本实例的创作过程中，首先，要掌握钢笔工具的使用方法和贝塞尔曲线的控制技巧，可以熟练绘制自定义的插画形状和路径。其次，要注意图形各个元素的前后顺序并能够快速地调整，以确保插画的各个元素排列合理，没有图形之间的重叠或遮挡。正确的图层顺序对插画的外观和可编辑性至关重要。再次，使用剪切蒙版工具可以将图片或图形裁剪成所需的形状，以适应插画中的特定区域。利用【建立剪切蒙版】造型是本案例的难点，需要多加练习。最后，添加和编辑插画中的描边，包括线条的颜色、宽度和样式，可以增强插画的视觉效果。

4.6.3 户外插画绘制

4.6.3.1 效果展示

户外插画最终效果如图 4-6-92 所示。

图 4-6-92 户外插画效果

4.6.3.2 户外插画绘制步骤

① 新建文档。

选择【文件】/【新建】命令(或按“Ctrl+N”键),将文件名称设为“户外插画”,新建一个文档。

② 绘制背景。

使用矩形工具在画板上绘制出要插画的背景并填充颜色,效果如图 4-6-93 所示。

③ 使用钢笔工具分别绘制出远山、汽车、云彩、草丛、石头、树木等插画内容,效果如图4-6-94 至图 4-6-101 所示。

④ 组合元素。

将绘制好的素材组合并放置到合适的位置,增加适量细节,效果如图 4-6-102 所示。

图 4-6-93 绘制背景

图 4-6-94 绘制远山 1

图 4-6-95 绘制远山 2

图 4-6-96 汽车外形

图 4-6-97 汽车绘制完成

图 4-6-98 绘制云彩

图 4-6-99 绘制草丛

图 4-6-100 绘制石头

图 4-6-101 绘制树木

⑤ 完成效果。

将底色原位复制粘贴一层（先按“Ctrl+C”键，再按“Ctrl+F”键），位置调整到图层最上方（按“Shift+Ctrl+]”键），选择其他图像，建立剪切蒙版，最终效果如图 4-6-103 所示。

图 4-6-102 组合素材

图 4-6-103 户外插画最终效果

4.6.3.3 实例操作小结

本案例中主要运用的工具和命令有钢笔工具、矩形工具、椭圆工具、剪切蒙版、“Ctrl+C”或“Ctrl+F”组合键、【路径查找器】等。

在创作过程中，要注意图形各个元素的前后顺序并能够快速地调整；利用【建立剪切蒙版】造型是本案例的难点，需要多加练习。商业插画因其美观、抽象、时尚、扁平化的风格，深受年轻人的喜爱。掌握商业插画的绘制技巧对未来设计师的学习和成长起着重要的支撑作用。

4.7 产品包装绘制

4.7.1 饼干包装盒效果展示

本案例是一个包装设计制作，最终效果如图 4-7-1 所示。

图 4-7-1　饼干包装盒

4.7.2 饼干包装盒绘制步骤

① 新建文档。

选择【文件】/【新建】命令（或按“Ctrl+N”键），将文件名称设为“饼干包装盒”，新建一个文档。

② 绘制形状。

使用矩形工具将下列形状绘制出来，作为包装外轮廓，如图 4-7-2 所示。

③ 填充颜色。

将绘制好的形状填充颜色为 C3、M32、Y89、K0，如图 4-7-3 所示。

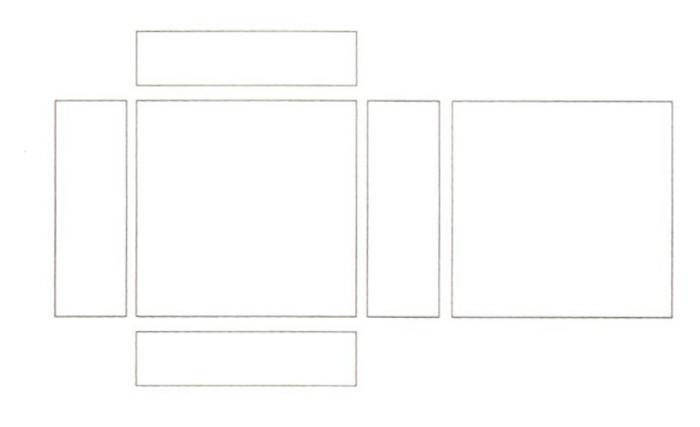

图 4-7-2　绘制形状

图 4-7-3　填充颜色

④ 绘制儿童插画。

选用钢笔工具、直接选择工具、画笔工具对路径进行调整，绘制儿童插画，效果如图4-7-4所示。绘制完成后，进行插画的编组。选择插画，调整插画的位置，如图 4-7-5 所示。

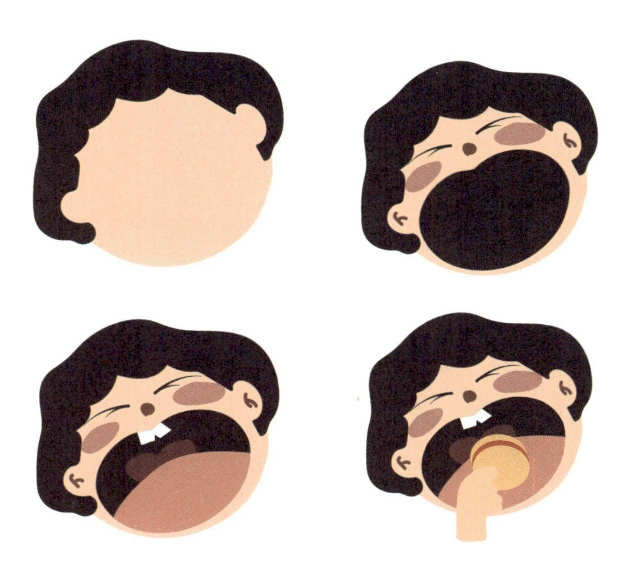

图 4-7-4　绘制儿童插画

图 4-7-5　调整插画的位置

⑤ 绘制草莓。

选择画笔工具，用鼠标左键点击绘图区，大致绘制出草莓的效果，如图 4-7-6 所示。将绘制好的草莓复制两个放置到合适的位置，效果如图 4-7-7 所示。将底色原位复制粘贴一层（先按“Ctrl+C”键，再按“Ctrl+F”键），位置调整到图层最上方（按“Shift+Ctrl+]”键），选择人物插画和草莓，建立剪切蒙版，效果如图 4-7-8 所示。

图 4-7-6　绘制草莓

图 4-7-7　摆放草莓

图 4-7-8　建立剪切蒙版

⑥ 输入文字。

单击文字工具，输入“儿童饼干”，填充白色，输入“夹心草莓”，填充白色，如图 4-7-9 所示。

添加其他文字并放置在相应的位置，如图 4-7-10 所示。

最后将包装其他几个面添加适量的草莓插画及文字，最终完成饼干包装盒的设计，如图 4-7-11 所示。

图 4-7-9　文字输入

图 4-7-10　添加文字

图 4-7-11　饼干包装盒最终效果

4.8　产品造型绘制——制作手机三视图

微视频：手机三视图

4.8.1　效果展示

本案例是一个 iPhone 手机三视图的制作，最终效果如图 4-8-1 所示。

4.8.2　手机前视图的制作

4.8.2.1　整体轮廓的制作

（1）制作外轮廓线

① 新建文档。

选择【文件】/【新建】命令（或按“Ctrl+N”键），将文件名称设为“手机三视图”，新建一个文档。

图 4-8-1　手机三视图

② 绘制 7.15 cm × 14.67 cm 的矩形（矩形 1）。

选择矩形工具，用鼠标左键点击绘图区，在【矩形】面板中输入矩形尺寸为 7.15 cm × 14.67 cm，如图 4-8-2 所示。选择【效果】/【转换为形状】/【圆角矩形】命令，在弹出的【形状选项】面板中设置参数，单击“相对”按钮，圆角半径为 1 cm，将矩形转化为圆角矩形，如图 4-8-3 所示。

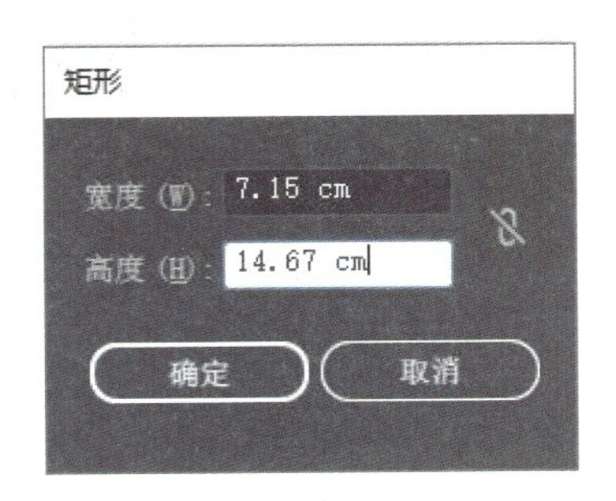

图 4-8-2　【矩形】面板

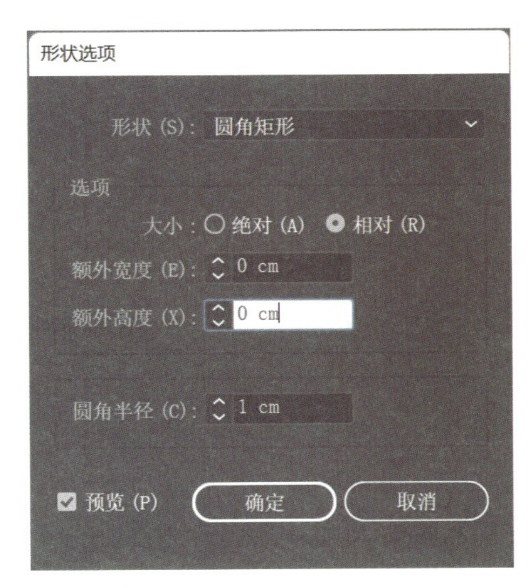

图 4-8-3　【形状选项】面板

③ 单击选中矩形，选择【颜色】面板，如图 4-8-4 所示，将图形填充为 95% 黑色（C0、M0、Y0、K40），将描边改为无，效果如图 4-8-5 所示。

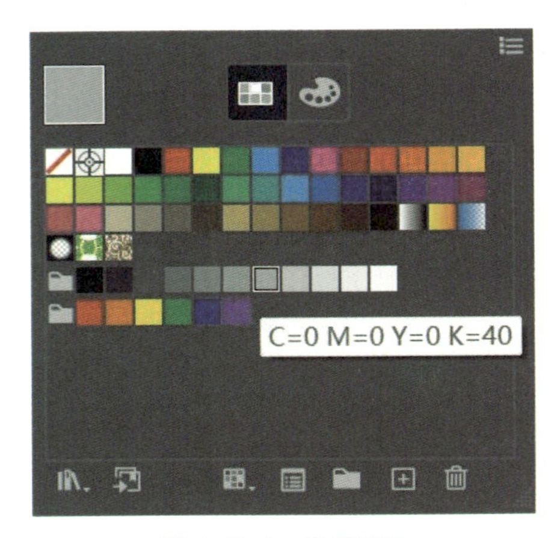

图 4-8-4　设置颜色

图 4-8-5　填充颜色

④ 绘制 7 cm × 14.5 cm 的矩形（矩形 2）。

重复之前的操作绘制一个矩形 2，在【矩形】面板中输入矩形尺寸为 7 cm × 14.5 cm，如图 4-8-6 所示。颜色填充为 C0、M0、Y0、K100，将描边改为无，如图 4-8-7 所示。将圆角矩形设置为 1 cm，并将它放置在矩形 1 的上面，如图 4-8-8 所示。

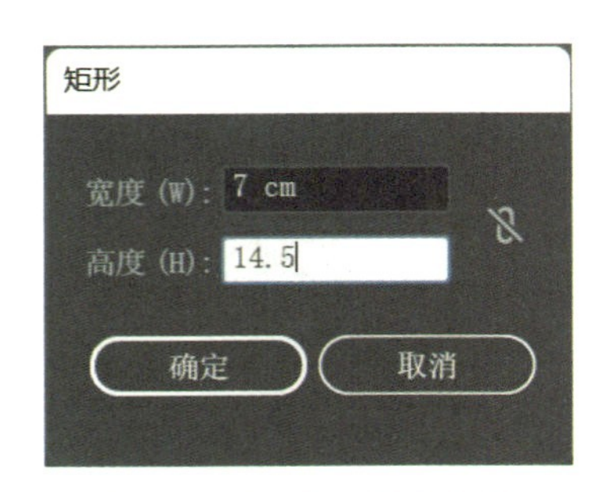

图 4-8-6　【矩形】面板

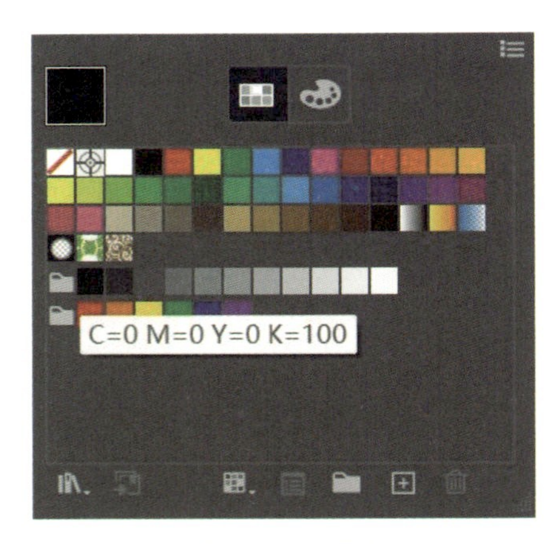

图 4-8-7　设置颜色

图 4-8-8　填充颜色

⑤ 绘制手机内部的矩形（矩形 3）。

重复之前的操作绘制一个矩形3，在【矩形】面板中输入矩形尺寸为6.8 cm × 14.3 cm，如图4-8-9 所示。颜色填充为 C0、M0、Y0、K95，将描边改为无，同样将圆角矩形设置为 1 cm，并将它放置在矩形 2 的上面，如图 4-8-10 所示。

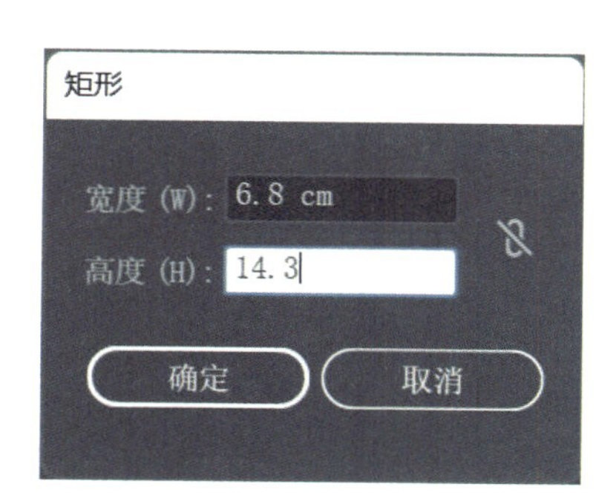

图 4-8-9 【矩形】面板

图 4-8-10 填充颜色

4.8.2.2 手机刘海的制作

（1）制作刘海

① 绘制 2.7 cm × 0.7 cm 的矩形（矩形 4）。

选择矩形工具，用鼠标左键点击绘图区，在【矩形】面板中输入矩形尺寸为 2.7 cm × 0.7 cm，如图 4-8-11 所示。

② 将矩形置于顶部中心，与矩形 3 合并并修改圆角，最终效果如图 4-8-12 所示。

（2）放置 Logo

将 iPhone 的 Logo 放置在屏幕中央，效果如图 4-8-13 所示。

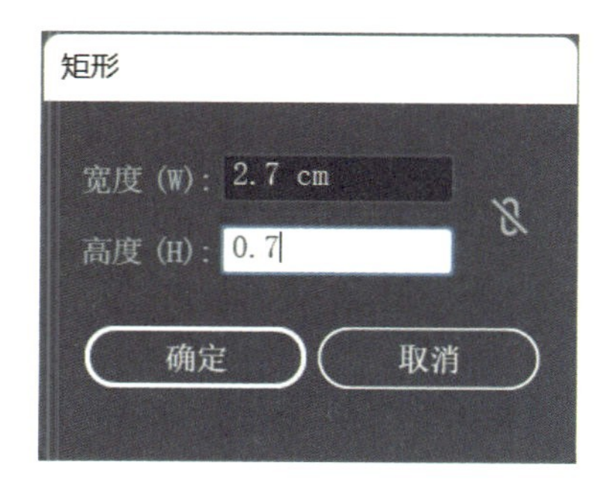

图 4-8-11 【矩形】面板

图 4-8-12 手机屏幕效果

图 4-8-13 放置 Logo 效果

4.8.2.3 机身外轮廓的反光

（1）制作框架

选择矩形工具，用鼠标左键点击绘图区，绘制矩形，适当修改圆角，描边设置为无，如图4-8-14所示。

（2）添加渐变

① 单击工具箱中的【渐变】按钮，依次为不规则图形添加渐变。设置渐变类型为线性渐变，角度为 90° ，颜色模式为灰度，分为 6 个渐变滑块，颜色值分别为 0%、80%、0%、0%、80%、0%，滑块位置从左到右依次为 0%、10%、15%、85%、90%、100%，如图 4-8-15 所示。最终效果如图 4-8-16 所示。

② 将绘制好的渐变色块分别放置在手机外壳的左右两侧，将矩形 1 添加适当渐变效果，最终效果如图 4-8-17 所示。

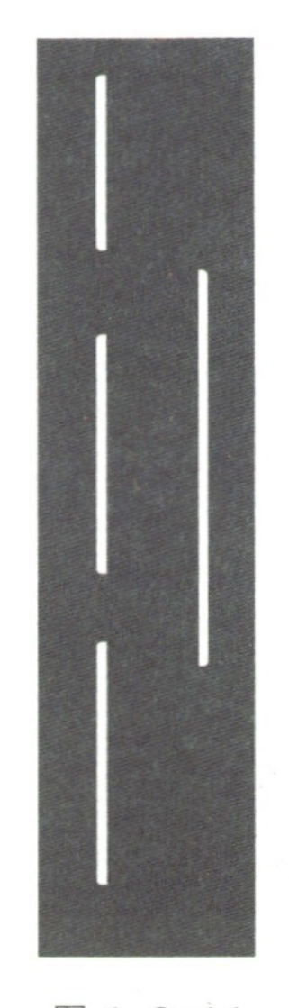

图 4-8-14
绘制矩形

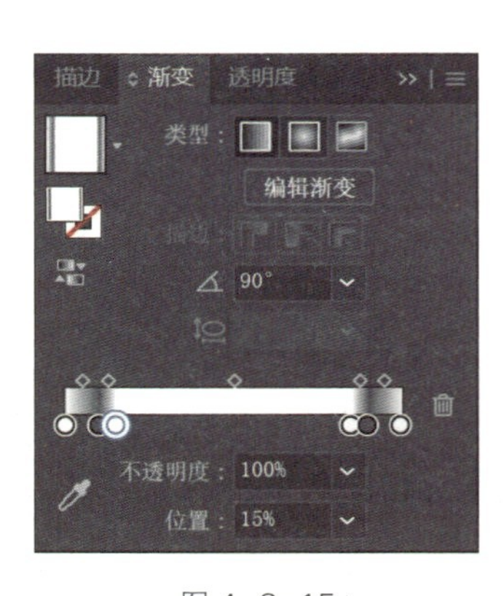

图 4-8-15
设置渐变参数

图 4-8-16
添加渐变效果

图 4-8-17
放置渐变色块

4.8.2.4 深入刻画细节

（1）制作前置摄像头

① 选择椭圆工具，用鼠标左键点击绘图区，在【椭圆】面板中输入宽度为 0.2 cm，高度为 0.2 cm，描边选择无，颜色填充为 C0、M0、Y0、K95，如图 4-8-18 所示。

② 将绘制好的正圆放置在手机刘海左侧，如图 4-8-19 所示，手机正视图绘制完成。

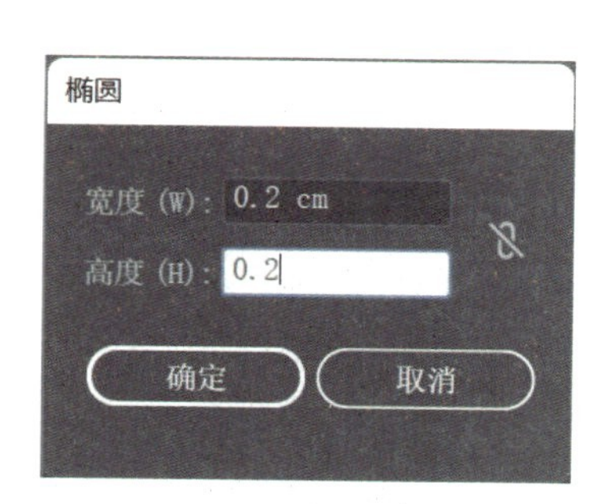

图 4-8-18 【椭圆】面板

图 4-8-19 手机正视图最终效果

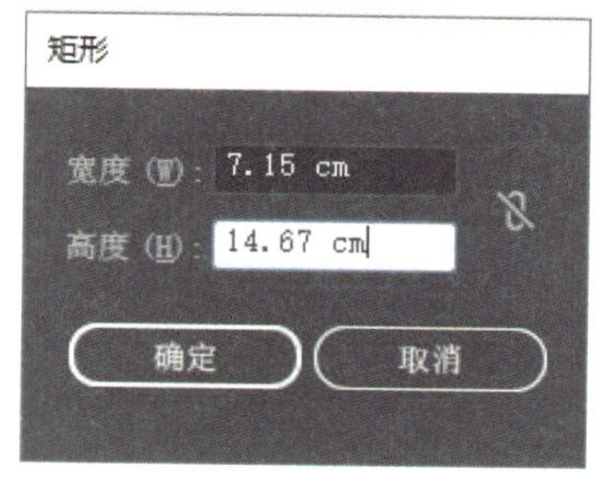

图 4-8-20 【矩形】面板

4.8.3 手机后视图的制作

4.8.3.1 制作手机后视图的轮廓

① 绘制 7.15 cm × 14.67 cm 的矩形（矩形 1）。

选择矩形工具，用鼠标左键点击绘图区，如图 4-8-20 所示，在【矩形】面板中输入矩形尺寸为 7.15 cm × 14.67 cm。选择【效果】/【转换为形状】/【圆角矩形】命令，在【形状选项】面板中设置参数，单击“相对”按钮，圆角半径为 1 cm，将矩形转换为圆角矩形，如图 4-8-21 所示。

单击选中矩形，选择【颜色】面板，如图 4-8-22 所示，将图形填充为 95% 黑色（C0、M0、Y0、K40），将描边改为无，效果如图 4-8-23 所示。

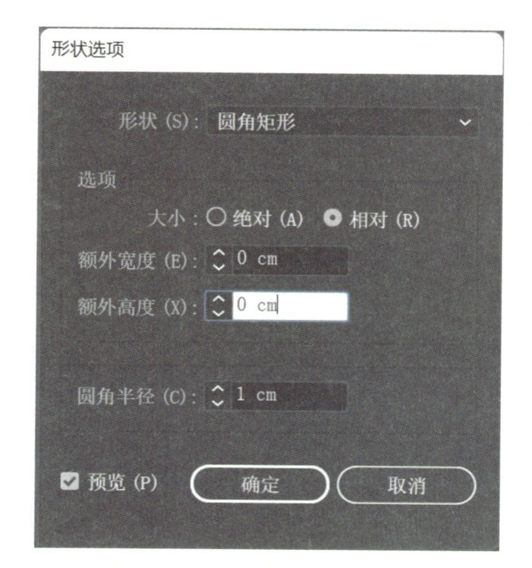

图 4-8-21 【形状选项】面板

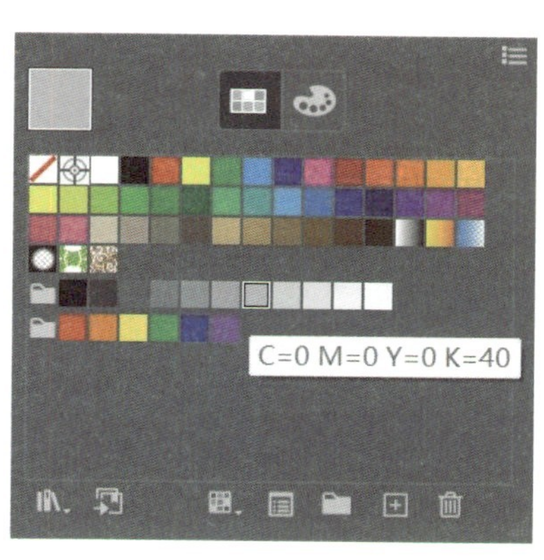

图 4-8-22 设置颜色

图 4-8-23 填充颜色

②绘制 7 cm × 14.5 cm 的矩形（矩形 2）。

重复之前的操作绘制一个矩形 2，在【矩形】面板中输入矩形尺寸为 7 cm × 14.5 cm，如图 4-8-24 所示。颜色填充为 C0、M0、Y0、K100，将描边改为无，如图 4-8-25 所示。将圆角矩形设置为 1 cm，并将它放置在矩形 1 的上面，效果如图 4-8-26 所示。

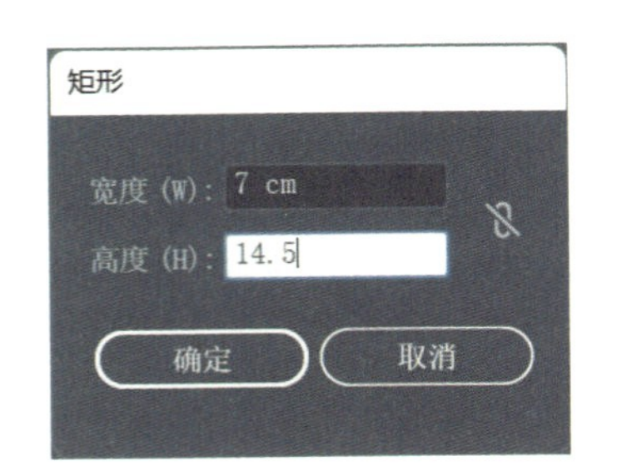

图 4-8-24 【矩形】面板

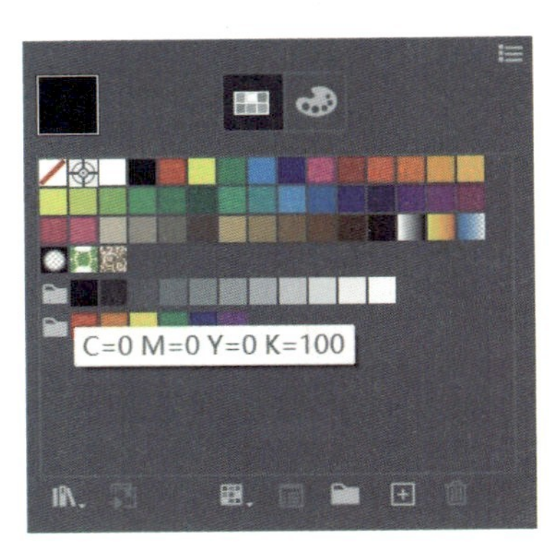

图 4-8-25 设置颜色

图 4-8-26 填充颜色

③绘制手机内部的矩形（矩形 3）。

重复之前的操作绘制一个矩形 3，在【矩形】面板中输入矩形尺寸为 6.8 cm × 14.3 cm，如图 4-8-27 所示。颜色填充为 C0、M0、Y0、K40，将描边改为无。将圆角矩形设置为 1 cm，并将它放置在矩形 2 的上面，效果如图 4-8-28 所示。

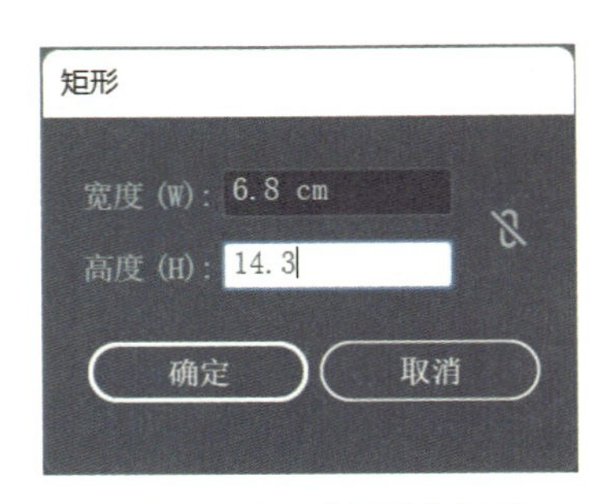

图 4-8-27 【矩形】面板

图 4-8-28 填充颜色

4.8.3.2　制作手机后视图的摄像头

① 绘制 3.8 cm × 3.8 cm 的圆角矩形，填充黑白渐变，效果如图 4-8-29 所示。

② 绘制 3.7 cm × 3.7 cm 的圆角矩形，颜色填充为 C0、M0、Y0、K20，效果如图 4-8-30 所示。

③ 绘制三个正圆，直径分别为 1.5 cm、1.3 cm、0.4 cm，分别填充黑色，白色和 C94、M95、Y67、K57，效果如图 4-8-31 所示。

④ 在圆的中心添加两个椭圆，颜色填充为 C87、M74、Y53、K17，效果如图 4-8-32 所示。

图 4-8-29　绘制圆角矩形，填充黑白渐变

图 4-8-30　绘制圆角矩形，填充灰色

图 4-8-31　绘制三个正圆，分别填充颜色

图 4-8-32　添加两个椭圆，填充颜色

⑤ 将制作好的小摄像头复制两个，分别放在合适区域，并设置投影，如图 4-8-33 所示，摆放位置效果如图 4-8-34 所示。

⑥ 选择椭圆工具绘制正圆后摆放在适当位置，并设置投影，如图 4-8-35 所示。

⑦ 将手机正视图按键复制到相同位置并选择翻转，效果如图 4-8-36 所示。

⑧ 将 iPhone 的 Logo 放置在屏幕中央，完成最终效果，如图 4-8-37 所示。

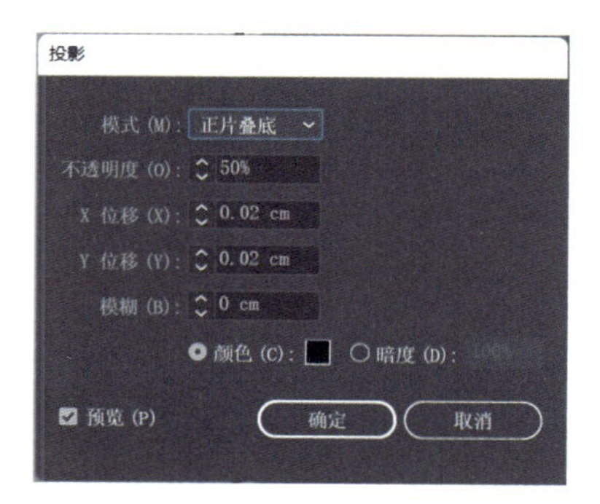

图 4-8-33　【投影】选项

图 4-8-34　将摄像头摆放在适当位置

图 4-8-35　绘制正圆摆放在适当位置，并设置投影

图 4-8-36　复制按键并翻转

图 4-8-37　添加 Logo，后视图绘制完成

4.8.4　手机侧视图的制作

4.8.4.1　制作手机侧视图的轮廓

① 绘制 14.67 cm × 0.765 cm 的矩形（矩形 1）。

选择矩形工具，用鼠标左键点击绘图区，在【矩形】面板中输入矩形尺寸为 14.67 cm × 0.765 cm，如图 4-8-38 所示。

② 单击工具箱中的【渐变】按钮，依次为不规则图形添加渐变。设置渐变类型为线性渐变，角度为 90°，颜色模式为灰度，分为 6 个渐变滑块，颜色值分别为 0%、80%、0%、0%、80%、0%，滑块位置从左到右依次为 0%、5%、15%、85%、95%、100%，如图 4-8-39 所示。最终效果如图 4-8-40 所示。

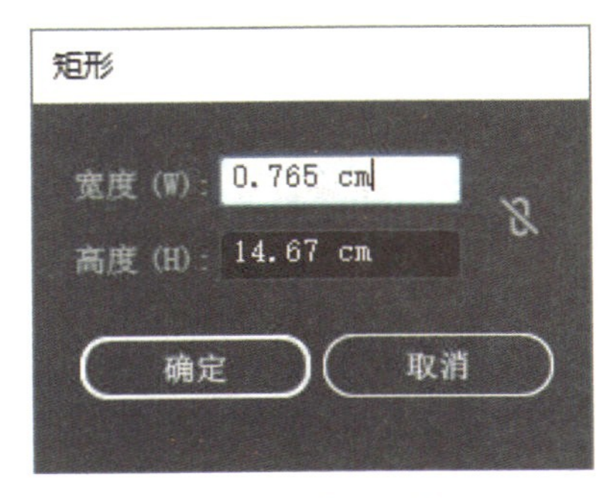

图 4-8-38　【矩形】面板

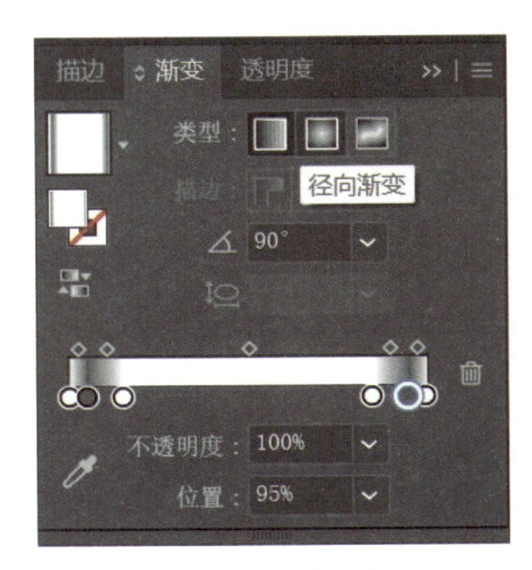

图 4-8-39　设置渐变参数

图 4-8-40　渐变效果

4.8.4.2 制作手机侧视图的摄像头

① 选择矩形工具，用鼠标左键点击绘图区，绘制矩形，适当修改圆角，描边设置为无，如图 4-8-41 所示。

② 单击工具箱中的【渐变】按钮，依次为不规则图形添加渐变。设置渐变类型为线性渐变，角度为 90°，颜色模式为灰度，分为 6 个渐变滑块，颜色值分别为 0%、80%、0%、0%、80%、0%，滑块位置从左到右依次为 0%、10%、15%、85%、90%、100%，如图 4-8-42 所示。最终效果如图 4-8-43 所示。

③ 将制作好的长条移动到合适位置，如图 4-8-44 所示。

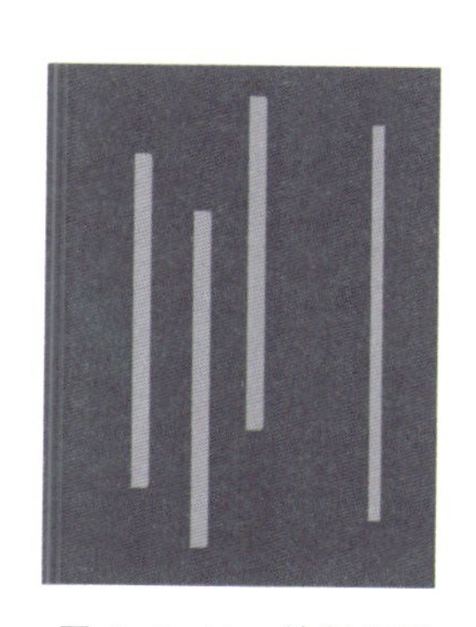

图 4-8-41 绘制矩形，修改圆角，描边设置为无

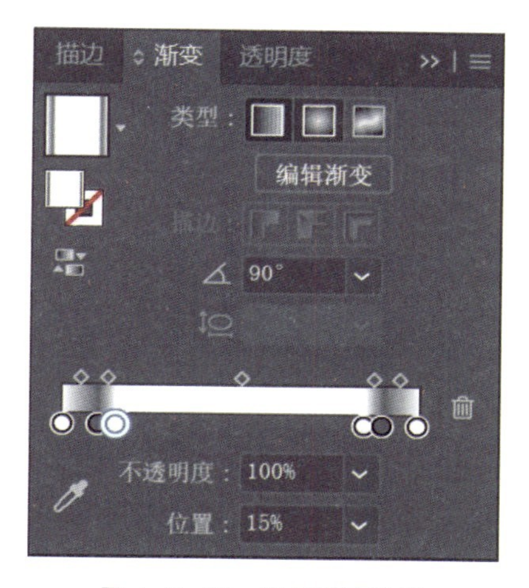

图 4-8-42 设置渐变参数

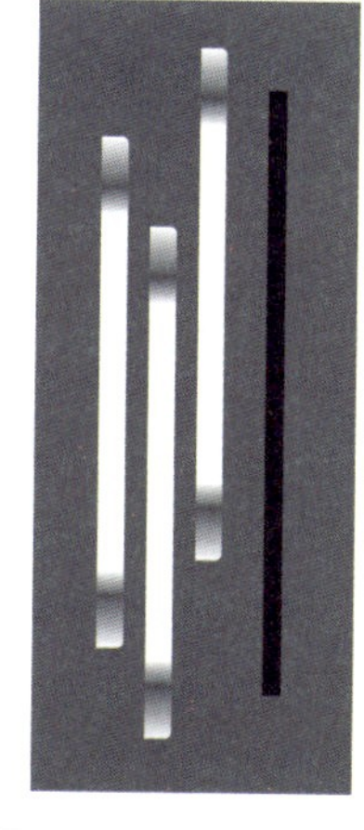

图 4-8-43 渐变效果

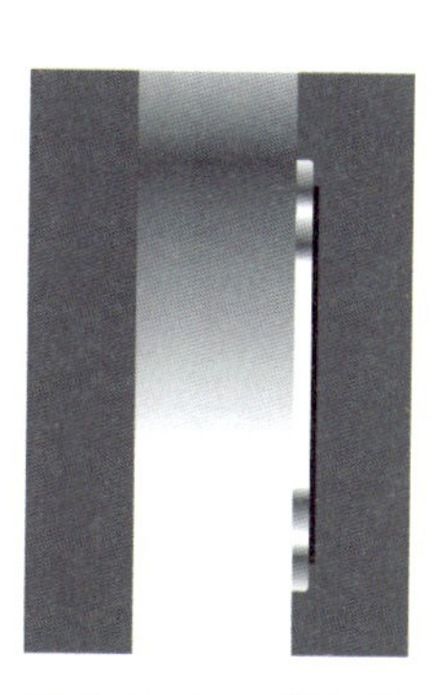

图 4-8-44 添加摄像头的侧视图效果

4.8.4.3 制作手机侧视图的细节

① 绘制一个圆角矩形，描边设置为无，如图 4-8-45 所示。

② 单击工具箱中的【渐变】按钮，依次为不规则图形添加渐变。设置渐变类型为线性渐变，角度为 90°，颜色模式为灰度，分为 6 个渐变滑块，颜色值分别为 0%、80%、40%、40%、80%、0%，滑块位置从左到右依次为0%、10%、15%、85%、90%、100%，如图4-8-46所示。最终效果如图4-8-47所示。

③ 将制作好的圆角矩形放在合适区域，并设置投影，如图 4-8-48 所示，摆放位置效果如图 4-8-49 所示。

④ 完成手机侧视图制作，效果如图 4-8-50 所示。

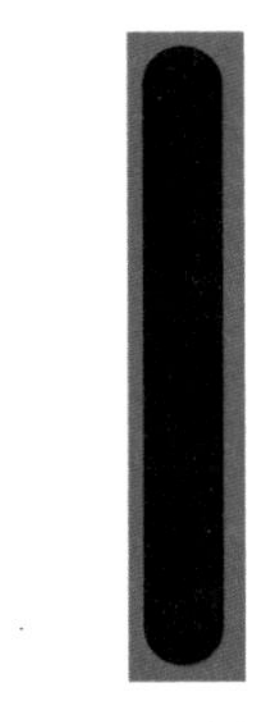

图 4-8-45　绘制圆角矩形

图 4-8-46　设置渐变参数

图 4-8-47　渐变效果

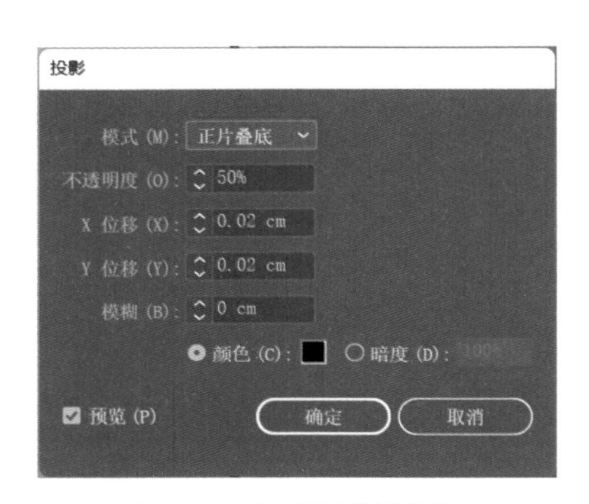

图 4-8-48　设置投影参数

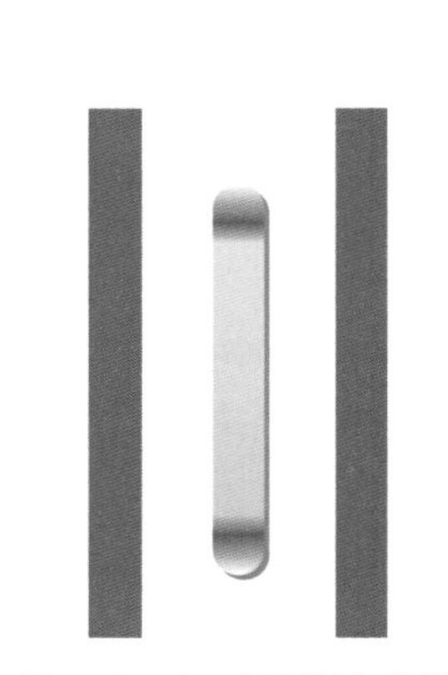

图 4-8-49　放置圆角矩形

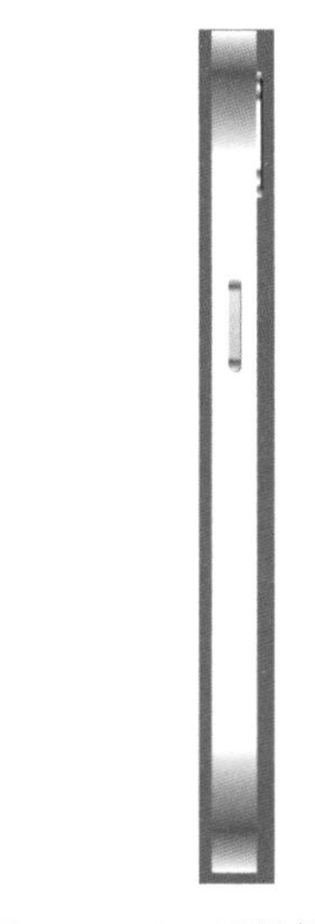

图 4-8-50　手机侧视图效果

4.8.5　实例操作小结

本案例中主要运用的工具和命令有选择工具、圆角矩形工具、椭圆工具、渐变工具、【颜色】命令等。

通过本节手机实例的操作，应了解 Illustrator 在表现产品上的细腻性和逼真的模拟性。本实例将手机三视图分开进行制作，每个视图依照从外向内、从大到小的顺序，分解手机零件，但要注意单个对象造型的完整性，同时也要注意整体的统一性。在操作过程中，要熟练掌握渐变工具的使用方法，它可以创建各种复杂的渐变效果，从而增加产品造型的视觉吸引力和层次感。